该书由甘肃省民生科技计划项目
——麦积区规模化生态放养土鸡生产HACCP体系的建立与示范推广
（项目编号:1503FCME005）资助

生态养殖技术

雒林通　王廷璞◎著

中国农业科学技术出版社

图书在版编目（CIP）数据

生态养殖技术 / 雒林通，王廷璞著. — 北京：中国农业科学技术出版社，2018.7 (2021.9重印)

ISBN 978-7-5116-3672-0

Ⅰ. ①生… Ⅱ. ①雒… ②王… Ⅲ. ①生态养殖－研究－中国 Ⅳ. ①S964.1

中国版本图书馆CIP数据核字（2018）第093858号

责任编辑　李冠桥
责任校对　李向荣
出 版 者　中国农业科学技术出版社
　　　　　北京市中关村南大街 12 号　邮编：100081
电　　话　（010）82109705（编辑室）（010）82109704（发行部）
　　　　　（010）82109709（读者服务部）
传　　真　（010）82106625
网　　址　http: //www.castp.cn
经 销 者　各地新华书店
印 刷 者　北京建宏印刷有限公司
开　　本　710mm ×1000mm　1/16
印　　张　12.5
字　　数　219 千字
版　　次　2018 年 7月第 1 版　2021 年 9 月第 2 次印刷
定　　价　50.00 元

前　言

生态养殖是从维护农业生态系统平衡的角度出发，以各种畜禽的不同特征和生活习性为基础，对畜禽的饲养、成长、用途和繁殖进行密切的关注和研究。同时，通过良好的饲养环境，科学的饲养方法，先进的生产工艺和生产模式，集成和建立适合特定畜禽品种的生态养殖质量控制体系及标准化养殖技术体系，确保畜禽健康、快速生产，从而有效提高产品品质和安全性，降低生产成本，提高经济效益，保护生态环境，实现农业农民双丰收。

就养殖业的健康高效而言，科学的饲养管理技术是关键。生态养殖要充分体现生态系统中资源的合理利用和可持续发展，并本着资源节约的目的组织生产，科学利用能量和物质，做到有输出、有输入，维护生态平衡。生态养殖模式的选择及养殖的生产过程应充分利用自然资源，利用生物的共生优势和相生相养等原理，合理安排食物链形成价值链，在畜禽生产中实现资源的循环高效利用。因此，生态养殖要因地制宜，根据当地自然资源和社会条件的实际情况，合理利用自然资源，合理组织生产过程，形成符合当地条件的生态养殖模式。

本书对常见禽畜诸如鸡、猪、牛、羊等饲养管理技术的最新研究成果进行了总结，主要内容包括五章，分别是概述、土鸡生态养殖、猪的生态养殖、牛羊生态养殖技术、其他经济动物生态养殖技术。本书紧扣生产实际，注重系统性、科学性、实用性和先进性，是指导养殖户和各养殖场科学养殖的技术书籍。

本书在编写过程中，参阅了一些专家、学者的研究成果及相关的书刊资料，在此表示真诚的谢意。

由于水平所限，加之时间仓促，书中疏漏之处在所难免，敬请读者批评指正。

天水师范学院
雒林通　王廷璞
2018年4月

目　录

第一章　概述

生态养殖是我国目前大力提倡的一种养殖模式，其核心主张就是遵循生态学规律，将生物安全、清洁生产、生态设计、物质循环、资源的高效利用和可持续消费等融为一体，发展健康养殖，维持生态平衡。降低环境污染，提供安全食品。生态养殖是一种以低消耗、低排放、高效率为基本特征的可持续畜牧业发展模式。

第一节　生态养殖的概念

一、生态养殖的概念

生态养殖是指根据不同养殖生物间的共生互补原理，利用自然界物质循环系统，在一定的养殖空间和区域内，通过相应的技术和管理措施，使不同生物在同一环境中共同生长，实现保持生态平衡、提高养殖效益的一种养殖方式。

生态养殖是当前养殖业最迫切需要的可持续发展模式，是养殖业摆脱污染、浪费、生物危机和恶性循环局面，走健康养殖业道路的必然选择。

20世纪80年代以来，我国生态养殖技术发展迅速，出现了一大批牧业生态县、生态村及生态养殖场，也总结出了几种具有代表性的生态养殖模式。如辽宁振兴生态集团养猪场，对猪粪便经过“四级净化，五步利用”（图1–1），既实现了无污染清洁生产，又提高了经济效益。

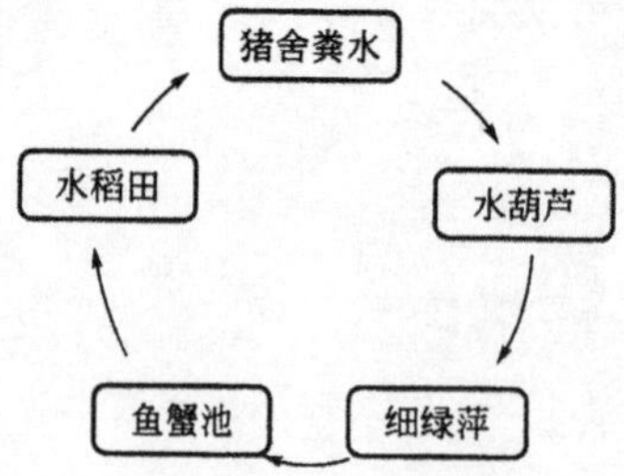

图1–1　辽宁振兴生态集团养猪场“四级净化，五步利用”模式

五位一体组合式生态温室是由高级农艺师王京平等多名农业专家组团共同研究，经3个不同类型的地域，数千户棚菜户4年试验、示范、生产于实践中提纯、优化、总结的成果。该项目是以生态学为依据；以太阳能为动力；以生物能为纽带；以调节能流，物流在生态系统中再生、再利用为主导；以节能、节水提高土地利用率，增加种植、养殖指数，标准化文明生产为措施。投入少，产出高，品质好，经济效益明显提高；科学技术带动农民致富，社会效益明显；循环利用节能环保；丰富城乡菜篮子，设施生态农业工程可持续发展，是新农村建设农民致富的一条好途径。

生态养殖解决的是当前中国养殖业最重要的4个问题：资源瓶颈、环境污染、食品安全与养殖业自身的可持续发展。

二、生态养殖的内涵

（一）生态养殖要遵循生态系统循环、再生的原则，使农林牧渔业有机结合起来

生态养殖的过程不再是传统的饲料的输入和畜禽产品的简单输出，而是通过有效地组织养殖生产的过程，使养殖业和农林渔业结合起来，使农林牧渔之间形成有效的链接，形成新的价值产业链，使系统整体的生产能力提高，并获得好的经济效益。

生态养殖要充分体现生态系统中资源的合理、循环利用，提高资源的利用效率，并本着资源节约的目的组织生产，科学利用能量和物质，做到有输出、有输入，维护生态平衡。生态养殖模式的选择及养殖的生产过程应充分利用自然资源，利用生物的共生优势、生物相克以趋利避害、生物相生相养等原理，形成资源的循环利用、合理安排食物链形成价值链，实现生产的良性循环。

（二）生态养殖有多种模式，应因地制宜，合理组织

生态养殖要因地制宜，根据当地自然资源和社会条件的实际情况，合理利用当地的自然资源，合理安排养殖生产的过程，饲养方式要与当地的环境条件相匹配，形成符合当地条件的生态养殖模式。

1.多层次利用的养殖模式

如根据生物群落结构，按不同物种具有的不同生活习性，利用其生长过程的“空间差”和“时间差”，并按种群空间的多层布置，构成一个分级利用、各取所需的生物群落立体结构，使有限范围内的土地、空气和阳光等环境资源都得到充分而合理的利用，使经济效益、社会效益和生态效益统一，取得良好的综合效益。

2.综合循环利用的养殖模式

生物种群在生态系统中分别扮演生产者、消费者和分解者的角色，在物质循环中发挥着不同的作用。物质可以沿着食物链分级多层次利用，通过不同食物链的配合完成它的循环。可以组织农副产品的综合利用、多次增值，通过牧、农、林、副、渔各业统筹兼顾，协调发展。

（三）处理好畜禽养殖与环境的关系，保护生态环境

保护生态环境是生态养殖的重要内容。根据养殖畜禽的种类、生物学特性选择适宜的养殖模式，做到养殖场的生产过程既不污染周围环境，也不受周围环境的污染，是生态养殖的重要任务。

（四）通过对整个养殖过程科学、规范地管理，提供优质、安全的畜禽产品

生态养殖的最终目的是要向市场提供安全、优质、绿色的畜禽产品，并获得好的经济效益，达到高效生产的目的。生态养殖要通过选择优良的畜禽品种，采取科学、先进的饲养管理技术，为畜禽提供适宜生长的养殖环境，在养殖过程中规范使用安全、卫生的饲料、饲料添加剂，并通过对饲料营养的控制，提高其在动物体内的消化吸收率，减少营养物质的排泄量；采取科学防控畜禽疾病的手段和措施，合理用药，保证畜禽的健康，以生产出安全、卫生的畜禽产品。优质生态养殖产品的输出是对保护生态系统平衡的最好回报。

第二节　畜禽生态养殖的基本原理

一、整体原理

整体原理，即指自然界中各个要素之间的相互依赖、相互促进或相互制约。亦即体系中各个生物个体都建立在一定数量的基础上，它们的大小和数量都存在一定的比例关系。生物体间的这种相生相克的作用，使生物保持数量的相对稳定，这是生态平衡的一个重要方面。在生态养殖中，人们可以利用生物种群之间相生相克的关系对物种进行人为调节。

二、物质循环转化与再生原理

生态系统中借助能量的不停流动，一方面不断从自然界摄取物质并合成新物质；另一方面又随时分解为简单的物质，即所谓的再生，这些简单的物质被动物和植物重新吸收，由此形成不停顿的物质循环。只有熟悉和掌握放养、饲喂等时间因素，并科学地安排生态养殖生产结构和多层利用，使物质循环和能量流动正常进行，才能实现生物资源再生和生态环境的良性循环。遵循这一原理，就可以合理地设计食物链，使生态系统中的物质和能量被分层次多级利用，使生产一种产品时的有机废弃物成为另一种产品的投入，也就是使废物资源化，提高能量转换效率，减少环境污染。

三、环保原理

生态养殖有利于改善土壤的质量，减少水与空气的污染，生态养殖要求人们在从事养殖活动的同时，要重新认识和处理人与自然的关系，注重生物物种多样性的保护，以不毁坏重要的环境和生态系统的方式来保护利用生物资源，实现农业的可持续发展。

四、废物资源化原理

生态农场通过循环使用多种废弃物从而减少废弃物的数量。畜禽排泄物和其他一些在常规养殖场通常被当作废弃物的东西，经妥善处理后，可以被当作养分和有机质的来源，它们可改良土壤性质，提供氮、磷、钾等营养元素并提高作物的产量和品质而使其变得有价值。在种养结合的农场，用畜禽粪便做肥料，既发展了养殖业，还综合利用了畜禽废弃物。

五、经济原理

设计合理的生态养殖体系经济是整体协调、相互配合，系统组成完整、复杂，系统结构组合与市场需求一致的体系。生态养殖提倡产业化、商品化、专业化、规模化、社会化、现代化，谋求经济效益、生态效益和社会效益的统一增长。经济效益是生态养殖极为重要的目标，一方面要通过种养结合、循环再生、多层利用的生态养殖方式来降低生产成本，提高养殖基地的整体生产力；另一方面通过较高的价格回报来实现较高的经济效益。

第三节　生态养殖的基本原则与特征

一、生态养殖的基本原则

在生态养殖过程中，应该遵循以下几个原则。

（一）遵循经济效益、生态效益及社会效益兼顾的原则

生态养殖的根本目的就是将经济效益、生态效益与社会效益有机地

协调统一起来。生态效益是进行生态养殖的前提，不能一味地追求经济效益而忽略了生态效益。只有在保证了生态效益的前提下，才能保证取得更大、更好、更持久的经济效益；而社会效益更是人类社会可持续发展的需要，只有取得了良好的社会效益，才能取得更多的经济效益和生态效益；社会效益是二者的保障。

（二）遵循全面规划、整体协调的原则

这一原则强调了生态养殖的整体性。它要求养殖生产的各个部门之间，环境资源的利用与保护之间，城市与农村的一体化之间，农、林、牧、渔等各个农业产业类型之间都要做到整体的协调统一，并且相互进行有机的整合，对养殖生产过程进行合理的规划，并按规划来实施。

（三）遵循物质循环、多级利用的原则

在养殖过程中，各个物种群体之间通过物质的循环利用，形成共生互利的关系。也就是说，在养殖的生产过程中，每一个生产环节的产出，就是另一个生产环节的投入。养殖生产过程中的废弃物多次被循环利用，可以有效提高能量的转换率及资源的利用率，降低养殖的生产成本，获得最大限度的经济效益，并能有效防止生物废弃物对环境造成的严重污染。例如，通过种养结合加工的养殖方式，能够实现植物性生产、动物性生产与腐屑食物链的有机结合，养殖过程中产生的禽类动物排泄物可用来肥地种植，不仅能有效解决粪便对环境的污染问题，还可降低施肥成本，大大提高资源的物质循环利用效率，利于降低生产成本并提高经济效益。

（四）遵循因地制宜的原则

所谓因地制宜，就是按照自己的地域特色和特有的生物品种，选择采用能发挥当地优势的生态养殖模式。根据具体的地区、时间、市场技术、资金以及管理水平等综合条件进行合理的养殖生产安排，选择适合本地的生态养殖模式，充分发挥当地的自然资源以及社会周边环境的优势。不能为了盲目追求某些模式或目标，弃优势而不顾，选择不切合当地实际的养殖模式。结果只能是事倍功半，造成严重的损失。

（五）遵循合理利用资源的原则

在养殖过程中，要尽量利用有限的资源达到增值资源的目的。对于那些恒定的资源要进行充分利用，对可再生的资源实行永续利用，对不可再生的资源要珍惜，不浪费，节约利用。

（六）遵循合理利用生物种间互补原理的原则

充分利用物种之间的互补性，将不同的物种种群进行互补混养，建成人工的复合物种群体。利用不同物种之间的互利合作关系，使生产者在有限的养殖生产空间内取得最大限度的经济收益。

二、生态养殖基本特征

（一）多样性

多样性指的是生物物种的多样性。我国地域辽阔，各地的自然条件、资源基础的差异较大，造就了我国丰富的生物物种资源。发展生态养殖，可以在我国传统养殖的基础之上，结合现代科学技术，发挥不同物种的资源优势，在一定的空间区域内组成综合的生态模式进行养殖生产。例如，稻田养鱼的生态种养模式。

生态养殖模式充分考虑到物种的生态、生理以及繁殖等多个方面的特性，根据各个物种之间的食物链条，将不同的动物、植物以及微生物等，通过一定的工程技术（搭棚架、挖沟渠等）共养于同一空间地域。这是传统的单独种植和养殖所不能比拟的。

（二）层次性

层次性是指种养结构的层次性。因为生态养殖涉及的生物物种比较繁多，所以养殖者要对各个物种的生产分配进行有层次的合理安排。

层次性的体现形式之一就是垂直的立体养殖模式。例如，在水田生态养殖模式中，可以在水面养浮萍，水中养鱼，根据鱼生活水层的不同，在水中进行垂直放养；还可以在田中种植稻谷，在田垄或者水渠上还可以搭架种植其他的瓜果作物，充分发挥水稻田的土地生产潜力，增加养殖的层次。

生态养殖就是充分利用农业养殖自身的内在规律，把时间、空间作为农业的养殖资源并加以组合，进而增加养殖的层次性。

各个生物品种间的多层次利用，能够使物流和能流得到良好的循环利用，最终提高经济效益。

（三）综合性

生态养殖是立体农业的重要组成部分，以“整体、协调、循环、再生”为原则，整体把握养殖生产的全过程，对养殖物种进行全面而合理的规划。在养殖过程中，需要考虑不同生产过程的技术措施会不会给其他物种的生长带来影响。例如，在稻田中养鱼，如果要防治病虫，首先需考虑农药会不会对鱼群的生长造成不利影响。因此在防治时，注意用药的剂量以及鱼群的管理等。此外，综合性还体现在养殖生产的安排上，养殖要及时、准确而有序，因为各个物种的生长时间以及周期并不相同，要求养殖者安排好各个方面。

在进行生态养殖之前，做好充足的准备。首先选好养殖场所，其次掌握一定的技术支持，并加强各个部门的协调配合。

（四）高效性

生态养殖通过物质循环和能量多层次综合利用，对养殖资源进行集约化利用，降低了养殖的生产成本，提高了效益。例如，通过对草地、河流、湖泊以及林地等各种资源的充分利用，真正做到不浪费一寸土地。将鱼类与鸡、鸭等进行合理共养，充分利用时、空、热、水、土、氧等自然资源以及劳动力资源、资金资源，并运用现代科学技术，真正实现了集约化生产，提高了经济效益，还使废弃物达到资源化的合理利用。

生态养殖还为农村大量剩余劳动力创造了更多的就业机会，提升了农民从事农业养殖的积极性，利于农民致富和社会的和谐稳定。因此，生态立体养殖不仅是一种高产高效的生产方式，还提升了农业养殖的综合生产能力和综合效益，达到经济、社会、生态效益的完美统一。

（五）持续性

生态养殖的持续性主要体现为养殖模式的生态环保。生态养殖解决了养殖过程产出的废弃物污染问题。如禽类的粪便如果大量的堆积，不但会污染环境，还易滋生及传播疾病。采用立体的生态养殖模式，用粪便肥水养鱼，或者作为蚯蚓的饲料等，如果种植作物，还可以当作有机肥料施用。因此，生态养殖能够防治污染，保护和改善生态环境，维护生态平衡，提高产品的安全性和生态系统的稳定性、持续性，利于农业养殖的持续发展。

第四节　我国生态养殖存在的主要问题

我国的人均肉类占有量已超过世界平均水平，禽蛋占有量达到发达国家平均水平。然而，生态养殖生产的产品占的比例并不高，主要存在以下问题。

（一）产品品质变差

由于畜禽生长周期的缩短，风味物质的积聚减少，畜禽的肉质、风味均随之下降，从而导致品质变差。

（二）畜产品的药物残留高

现代养殖业日益趋向于规模化、集约化，随着抗生素、化学合成药物和饲料添加剂等在畜牧业生产上的广泛应用，一方面降低了动物的死亡率，缩短了动物的饲养周期，促进了动物产品产量的增长；另一方面，由于操作不规范和监督措施不到位，造成了产品中兽药、重金属和激素的残留。

（三）防疫体系不完善

兽医防治体系不健全，与国际兽医卫生组织的要求有一定的差距，畜禽疫病问题日益严重。养殖场和产品加工厂存在的病毒、细菌和寄生虫直接污染畜产品，导致部分畜产品质量不过关，影响了畜产品的质量，限制了出口和内销。

（四）畜产品安全管理不完善

管理体系还不够健全，法律法规还不完善，标准体系不配套，检测能力不适应。

（五）养殖管理不规范

目前，我国对经济动物生态学的研究还不够深入、系统，没有提高到生态学的高度。有的对生态的含义没有准确、科学地理解和正确地应用，甚至随意曲解、生搬乱套“生态”这个词。有的在使用药物这个问题上，存在着两种倾向：一种是认为一切化学药物都不能用；另一种是乱用药、多用药。此外，环境管理也不到位，片面追求高产导致生态环境遭到破坏，环境得不到有效修复。

第五节 生态养殖的必要性及未来发展的方向

一、生态养殖的必要性

自第二次世界大战以来，世界农业进入“石油农业”阶段：即通过投入大量的机械、化肥、农药等换取农业的高产量。我国自20世纪70年代以来，进入“石油农业”时代。

“石油农业”极大地提高了农业劳动生产率和农产品产量，但通过投入大量矿物能源，而换取高产的农业生产却得不偿失。由于大量直接燃烧石油以及无节制地使用化肥和农药等，石油农业带来资源枯竭、能源紧张、环境污染、土壤理化性变差、肥力下降、土肥严重流失等负面影响，造成农牧业生态环境的破坏和恶性循环。有人尖锐地指出：“石油农业”不管它的产量多高，经济效益多好，实际上只是抢在大灾难前面拾到一点好处而已。因此，“石油农业”只能在农业发展历史上存在一个短暂的阶段，其路子必然越走越窄。

过分依赖石油的农牧业，使生物地球化学循环受到严重干扰，已不能维持农牧业生产的繁荣。

如何充分合理地利用自然资源，保护环境和农牧业生态的稳定和持续的发展？传统农牧业解决不了，石油农业使问题更加严峻。因此，未来农业的发展必须另辟其他途径，这就是生态养殖。只有生态农牧业的研究与发展，才是正确途径。

生态养殖就是运用生态学原理和系统科学方法，把现代科学成果与传统农业技术的精华相结合而建立起来的具有生态合理性、功能良性循环的一种农业体系（王松良等，1999）。美国土壤学家W.Albreche于1970年最初提出。

与有机农业相比，生态养殖更强调建立生态平衡和物质循环，甚至把种植业、畜牧业和农产品加工业结合起来，形成一个物质大循环系统。

生态养殖具有以下几个特点。

①强调物质循环、物质转化；

②资源利用与环境保护相协调，经济效益与生态效益相统一；

③种、养、加相结合；

④最大特点：从整体出发，进行整体协调，追求整体效益。

二、生态养殖未来的发展方向

（一）加强生态养殖的科学研究

生态养殖不仅仅是传统经验与新技术的结合，更应当是在生态经济学基础上，实现多组分在时间与空间上综合的一种技术。其中，整体的概念、系统的方法、能量流动和物质循环的观点、多样性理论、稳定性理论和可持续性理论，以及环境与经济效益等，许多方面还需要进一步发展。应当进一步开展不同生态养殖类型的结构与功能的研究，利用定量分析和模拟手段，将研究结果在精心挑选的实验点上，通过长期生态定位贯彻进行验证。应当对现有生态养殖的类型进行全面的调查和综合评价，并在此基础上建立生态养殖的科学分类体系，提出适合不同地区特点的优化设计方案。

（二）加强建设生态养殖县

1.生态脆弱地区生态养殖县的发展模式

黄河中上游、长江中上游、三北风沙地区及其他以山区、高原为主的自然经济条件较差的县域，如陕西延安、内蒙古翁牛特旗等地实行“治理与结构优化型”生态养殖发展形式，主要任务是植被恢复、基本农田建设、结构调整。

2.生态资源优势区生态养殖县的发展模式

南方交通不便，但生态资源、环境良好的经济不发达地区实行“生态保护与生态发展型”生态养殖发展形式，重点开发特色产品。

3.农业主产区生态养殖县的发展模式

商品粮、棉、油主产区，以平原为主，种养业发达，如辽宁昌图等地实行“农牧结合型加工增值模式”，以农牧结合为基础，发展农副产品加工业，建立资源高效利用型产业化生态养殖技术体系。

4.沿海和城郊经济发达区生态养殖县的发展模式

经济发达，农业产业化水平、整体技术水平高的地区，如北京大兴区、广东东莞市等地实行“技术先导精品型”生态养殖发展形式，重点发展中高档优质农副产品。

（三）加强建设畜禽养殖生态农业模式

畜禽养殖生态农业模式作为农业生态模式的重要组成部分，已广泛用于生态农业建设中。畜禽养殖生态农业模式是把生态学、生态经济学和系统科学的理论与方法用于畜牧实践而发展起来的一个新领域。它吸收了现代科学技术的成就和中国传统农业的精华，组建成以畜牧业为中心，动物、植物、微生物相匹配的复合畜牧水产体系，形成一个生态、经济、社会效益俱佳、可持续发展的人工农业生态系统。依据陆地、水体及水陆交错带的生物学特性，畜禽养殖生态农业模式强调资源的合理利用，避免或减少养殖业本身对环境造成的污染，实现经济、生态、社会效益的统一。

1.概念

畜禽养殖生态农业模式就是应用生态学、生态经济学与系统科学基本原理，吸收现代科学技术成就与传统农业中的精华，以畜牧业为中心，并将相应的植物、动物、微生物等生物种群匹配组合起来，形成合力有效、利用多种资源，防止和治理农村环境污染，实现经济效益、生态效益和社会效益三统一的高效、稳定、持续发展的人工复合生态系统。它的全过程是畜牧业内部多畜种或牧、农、渔、加工等多产业的优化组合，是相对应的多种技术的配套与综合。

2.基本特点

畜禽养殖生态农业模式本身包括传统畜牧业的内容，但不是简单的多项技术的叠加，他们是两个不同的概念，其主要区别有下列几个方面。

第一，畜禽养殖生态农业模式所涉及的领域，不仅包括畜牧业的范畴，也包括种植业、林业、草业、渔业、农副产品加工、农村能源、农村环保等，实际是农业各业的综合。

第二，从追求目标上看，传统养殖重于单一经济目标的实习，而畜禽养殖生态农业模式不只是考虑经济效益，而是经济效益、生态效益、社会效益并重。谋求生态与经济的统一，从而使生产经营过程既能利用资源，又有利于保持良好的生态环境。

第三，从指导理论看，畜禽养殖生态农业模式除了动物饲养等专业学科理论外，主要是以生态学、生态经济学、系统科学原理为主导理论基础。

第四，畜禽养殖生态农业模式把种植、养殖合理地安排在一个系统的不同空间，既增加了生物种群和个体的数目，又充分地利用土地、水分、热量等自然资源，有利于保持生态平衡。

此外，畜禽养殖生态农业模式注重太阳能或自然资源最合理的利用与转化，各级产成品与“废品”合理利用与转化增值，把无效损失降低到最低限。

3.组成和分类

畜禽养殖生态农业模式是由生物、环境、人类生产活动和社会经济条件等多因素组成。就每一种模式来看，范围有大有小，可以搞小范围家庭畜禽养殖生态农业模式或生态养殖场，也可以大水体（湖泊、水库）复合畜禽养殖生态农业模式。不管哪一种具体形式，一般都包括农业生物、生存环境、农业技术与管理、农业输入（包括劳力、资金输入，农用工业及能源，农业科技投入等）和农畜产品及加工产品输出5项重要组成部分。

畜禽养殖生态农业模式最基本的特征是功能上的综合性。因此，它包括的内容十分复杂。根据养殖动物生活环境的不同，可以把畜禽养殖生态农业模式分为陆地、水体、水陆3大类。

（四）政府应加大扶持力度

政府应从政策上扶持、资金上支持、技术上指导、价格上倾斜，以提高农民发展生态养殖的积极性。同时建立生态养殖发展的监督机制，真正实现生态养殖的生态化。应当使农民能够根据自己的能力和需要，确定生态养殖发展的方向和经营策略。

第二章 土鸡生态养殖

随着我国经济的发展，人民生活水平在不断地提高，我国城乡居民已向小康生活水平转变，禽畜业的发展对市场供求关系的转变起了带动作用，禽肉市场实现了从卖方市场向买方市场的转化，从重视数量到重视质量的转化。我国的消费者越来越重视产品的质量，尤其是食品安全问题，消费者对食品安全的问题也越来越重视。为了消费者的权益，使人民的身体健康有保障，也包括肉蛋生产者必须选择发展无公害生产，这也是推动养鸡业生产水平提高，带动产业进一步发展，调整产业结构的必经之路。生态养殖土鸡的研究和实践也逐步发展起来。

第一节　适合生态养殖的土鸡品种

一、品种选择原则

（一）市场需求

养鸡要首先分析市场需求，事先要做细致的市场调查，找准市场定位，调查清楚市场对产品的需求情况。各地的消费习惯各不相同，对肉蛋产品的需求不一样，一定要根据实际调查结果，选择所要一起养殖的类型和品种，只有适销对路的产品，才能有较好的经济效益。如果饲养类型、品种不被市场接受，产品销路不好，也会导致饲养失败。

（二）品种的适应性

任何一个品种都是在某一特定条件下培育或形成的，不同品种对气候条件、饲养管理和饲料等都有不同要求。我国南方和北方地区自然环境差异较大，气候条件不同，南方平均气温高，夏季炎热，多雨潮湿，北方平均气温低，干燥，冬季寒冷。不同品种对不同气候条件适应能力各不相同。

（三）良好的生产性能

在各个品种鸡之间，生产性能会有一定的差别。樱桃谷肉鸡30日龄体重能够达到2000克。42日龄则超过3000克，而大多数的地方麻鸡15周龄的平均体重不足2000克。不同类型品种的鸡产品质量也不同，如连江白鸡的皮下脂肪含量远远低于樱桃谷肉鸡，选择生产性能高、产品品质好的品种对于提高生产水平是十分重要的。

二、适合放养的地方鸡品种和育成鸡品种

在生产实践中，我国鸡的品种可分为地方品种、育成品种和引进品种三大类。适合放养的品种主要是地方品种、育成品种及其配套系。

（一）清远麻鸡

清远麻鸡是小型肉用型品种，俗称清远鸡，由于母鸡背侧羽毛有细小黑色斑点而得此名，故称麻鸡。清远麻鸡原产于广东省清远县，正宗三黄麻鸡的特点为皮黄、嘴黄、脚黄、毛色黄中带麻点。在广东省和港澳市场以皮色金黄、皮爽、骨软、肉鲜红味美、肉质嫩滑、风味独特而驰名，又以体型小、皮薄骨软、皮下和肌间脂肪发达而著名，是我国活鸡出口的小

型肉用名鸡之一（图2-1）。

该鸡的主要饲养方式为农家饲养放牧，如果有丰富的天然食饵，则有较快的生长速度，公鸡120日龄体重1.25千克，母鸡体重1千克。该品种的特点为肥育性能良好、屠宰率高。仔母鸡不经育肥全净膛屠宰率为75.5%，半净膛屠宰率平均为85%；阉公鸡半净膛屠宰率为83.7%。

图2-1 清远麻鸡

（二）杏花鸡

产于广东开封县一带。头细，颈短，脚细，脚短，喙、胫黄色，体躯短，公鸡有金黄色羽毛，母鸡的羽毛为黄色，皮下和肌间有均匀脂肪分布，胸肌发达，肌肉细嫩。112日龄母鸡为1.04千克，公鸡平均体重1.26千克，成年公、母鸡平均体重分别为1.95千克和1.59千克；年产蛋80～90枚，种蛋受精率90.8%，受精蛋孵化率74%；平均蛋重45克，蛋壳褐色（图2-2）。

图2-2 杏花鸡

（三）惠阳胡须鸡

惠阳胡须鸡又名龙岗鸡、龙门鸡、胡子鸡、惠州鸡，原产于广东省东江中下游一代的惠东、龙门、惠阳、河源等地区，分布较广。惠阳胡须鸡是著名的肉用型地方品种，味鲜质佳，皮薄肉嫩。由于其胸肌发达，早熟易肥，肉质特佳，成为我国出口量最大、经济价值较高的传统活鸡商品。其是广东省三大出口名鸡之一，与杏花鸡、清远麻鸡齐名，在港澳市场相当著名（图2-3）。

惠阳胡须鸡总的特点可概括为10项：黄喙、黄脚、胡须、黄羽、短身、白皮、矮脚、易肥、软骨、玉肉（又称玻璃肉）。公鸡分有、无主尾羽两种。主尾羽颜色有黄色、黑色和褐红，而大部分是黄色羽毛，腹部羽色比背部稍浅。母鸡全身羽毛为黄色，尾羽不发达，主翼羽和尾羽有紫黑色。惠阳胡须鸡有良好育肥性能，在放养条件下，成年体重公鸡2.1～2.3千克，母鸡1.5～1.8千克。6～7月龄体重达1～1.1千克时开始育肥，经半个月，可增重0.4～0.5千克。

图2-3 惠阳胡须鸡

（四）烟霞鸡

霞烟鸡又名肥种鸡，原名下烟鸡，属肉用类型，原产于广西容县石寨乡下烟村。霞烟鸡体躯短圆，胸宽、胸深与骨盆宽三者长度相近，整个外形呈方形，腹部丰满，属肉用类型。成年鸡头部较大，单冠，肉垂、耳叶均为鲜红色。喙尖浅黄色，虹彩橘红色。颈部粗短，骨骼粗，有略为疏松的羽毛，皮肤白色或黄色。雏鸡有深黄色的绒羽，喙黄色，胫黄色或白色。公鸡为黄红色羽毛，梳羽颜色比胸背羽深，主、副翼羽带有黑斑或白斑，有些公鸡镰羽和蓑羽有极浅的横斑纹，尾羽不发达。公鸡性成熟后，腹部皮肤多为红色，母鸡羽毛黄色，龙骨略短，胸宽，腹部丰满。母鸡临近开产，耻骨与龙骨末端之间可以容下3指，这也是该鸡种的重要特征。成年体重母鸡平均为1.92千克，公鸡平均为2.18千克。6月龄屠宰测定：母鸡全净膛屠宰率为81.2%，半净膛屠宰率为87.89%；公鸡全净膛屠宰率为69.2%，半净膛屠宰率为82.4%；阉鸡全净膛屠宰率为75%，半净膛屠宰率为84.8%。170～180日龄开产，年产蛋110枚左右，平均蛋重为43.6克（图2-4）。

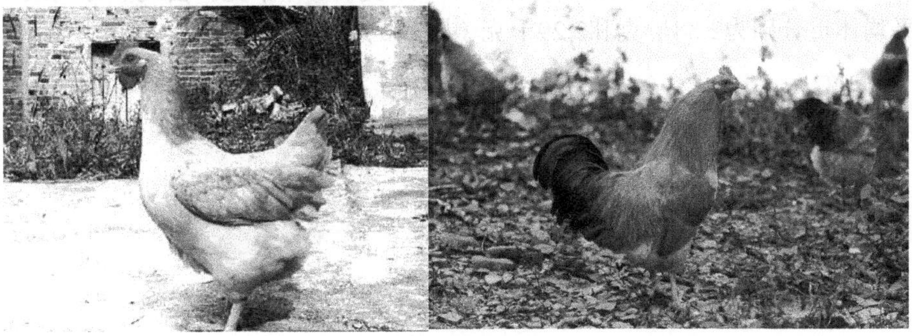

图2-4　烟霞鸡

（五）北京油鸡

北京油鸡原产于北京北侧的安定门和德胜门外的近郊一代，最为集中的地区是朝阳区的大屯、洼里两个乡。在清朝中期就已经有北京油鸡出现，距今至少有250年。北京近郊的农民通过对鸡的繁殖、选种、疾病防治和饲养管理等经验的逐渐累积，经过长期的选择和培育，从而形成以肉味鲜美、蛋质优良著称的地方品种，其外貌与蛋肉品质俱佳（图2-5）。

产肉性能：北京油鸡生长缓慢，平均活重12周龄959.7克；20周龄公鸡1500克，母鸡1200克。肉味鲜美，肉质细嫩，对多种传统烹调方法都适宜。

繁殖性能：就巢性强。公母配比（1：8）~（1：10），受精率93.2%，受精蛋孵化率82.7%。

图2-5　北京油鸡

（六）狼山鸡

产于江苏省东县、南通等地。头昂尾翘，体格健壮，背部较凹，呈元宝形。羽毛有纯黑、白色和黄色3种，其中黑色最多。胫黑色，较细长，单冠，皮肤白色。年产蛋160~170枚，平均蛋重57~60克，蛋壳淡褐色；种蛋受精率90.62%，受精蛋孵化率80.85%；90日龄公鸡、母鸡平均体重分别为1.07千克和940克，120日龄分别为1.75千克和1.34千克，公鸡、母鸡成年平均体重分别为2.84千克和2.29千克（图2–6）。

图2–6　狼山鸡

（七）桃源鸡

桃源鸡又称桃源大种鸡，原产于湖南桃源县三阳港和深水港一带，属肉用型鸡种。桃源鸡有硕大的体型，青脚，单冠，有金黄或黄麻色羽毛，羽毛蓬松，呈长方形。公鸡勇猛好斗，头颈高昂，尾羽上翘，具有雄伟的姿态；母鸡生性温顺，活泼好动，体型稍高，后躯浑圆，近似方形（图2–7）。

该鸡体重较大，成年母鸡平均体重2.94千克，公鸡3.34千克。90日龄公鸡、母鸡平均体重分别为1093.45克、862.00克。半净膛屠宰率公鸡、母鸡分别为84.9%、82.06%。桃源鸡开产日龄平均为195天，年产蛋100～120个，平均蛋重51克，蛋壳浅褐色。公鸡、母比例一般为（1∶10）～（1∶12），种蛋受精率83.93%，受精蛋孵化率83.81%。该鸡肉质细嫩，肉味鲜美，富含脂肪。

图2–7　桃源鸡

（八）溧阳鸡

溧阳鸡原产于江苏省西南丘陵山区，在当地很著名，也被称为“三黄鸡”或“九斤黄”，是大型肉用品种。该鸡有较大体型，体躯略呈方形。羽毛、喙和脚的颜色有黄色、麻黄和麻栗色几种，大部分为黄色。公鸡耳叶、肉垂较大，颜色鲜红，单冠直立。为黄色或橘黄色背羽，副翼羽为黄色和半黑，主翼羽有黑色和半黑半黄色之分，有黑色主尾羽，金黄色或橘黄色胸羽、梳羽，有的羽毛有黑镶边。母鸡鸡冠可分为单冠直立和倒冠。眼大，橘红色虹彩，全身羽毛平贴体躯，绝大多数羽毛呈草黄色，少数麻黄色（图2-8）。

一般在放养条件下有较慢的生长速度，成年母鸡平均体重2.6千克，公鸡3.3千克。90日龄母鸡半净膛屠宰率为83.2%，全净膛屠宰率为72.4%；公鸡半净膛屠宰率为82.0%，全净膛屠宰率为71.9%。成年母鸡半净膛屠宰率为85.4%，全净膛屠宰率为72.9%；公鸡半净膛屠宰率为87.5%，全净膛屠宰率为79.3%。

图2-8　溧阳鸡

（九）河田鸡

河田鸡原产于福建省西南地区，是优良的肉用型品种，该鸡肉质细嫩，肉味鲜美。河田鸡具有黄羽、黄喙、黄脚的“三黄”特征。有近似方形的体型，躯短，胸宽，颈粗，背阔，分为大型与小型，但少数为大型鸡，小型鸡数量居多，两者有相同的体型外貌，仅在体重、体尺上有区别。公鸡耳叶椭圆形，红色。单冠直立，约有5个冠齿，冠叶前部为单片，后部分裂成叉状冠尾，呈鲜红色，无明显皱纹。喙基部为褐色，喙尖呈浅黄色。公鸡羽毛颜色较多，头、颈羽为棕黄色，有淡黄色背、胸、腹羽和黑色的尾羽。母鸡冠部与公鸡基本相同，但是比较矮小。以黄色羽毛为主，颈羽的边缘呈黑色，颈部深黄色，腹部丰满（图2-9）。

该品种的特点为躯体丰满、肉质细嫩、肉味鲜美、皮薄骨细，但是屠宰率低。据测定，120日龄屠宰，公鸡半净膛屠宰率为85.8%，全净膛屠宰率为68.64%；母鸡半净膛屠宰率为87.08%，全净膛屠宰率为70.53%。同时生长速度缓慢，150日龄公、母鸡体重分别为1.3千克和1.1千克。

图2-9 河田鸡

（十）新浦东鸡

新浦东鸡的原产地是上海市的黄浦江以东的广大地区，又被称为“九斤黄”。母鸡有较小单冠，有的冠齿不清，全身黄色，有深浅之分，常有黑色斑点在羽片端部或边缘，因而形成深麻色或浅麻色，有较短微上翘的尾羽，主尾羽不发达。早期生长速度缓慢，长羽也不快，尤其是公鸡，通常需经3～4月龄才能长齐全身的羽毛（图2-10）。

有良好的产肉性能，新浦东肉用仔鸡28日龄母鸡平均体重为395克，公鸡平均432.7克。在一般的饲养条件下，70日龄半净膛率达到85%以上；公鸡、母鸡平均都能有1.5千克以上的体重。

图2-10 新浦东鸡

（十一）固始鸡

固始鸡是我国著名的地方鸡种，原产地为河南的固始县一带，分布非常广泛。固始鸡体型中等，体躯呈三角形，外观清秀，体态匀称，全身羽毛丰满，单冠，冠叶有鱼尾状。鸡喙呈青色或青黄色，腿、脚都是青色。母鸡有黄、麻、黑等不同毛色，公鸡多为深红色或黄色羽毛，带有黑色或青铜光泽，多为黑色尾羽，尾形分佛手尾、直尾两种，主要是佛手尾，尾羽卷曲美观。固始鸡如果与其他品种杂交，就会消失青嘴、青腿的特征，因此，辨别固始鸡的真伪，可以看其是否是青嘴、青腿。肉垂、耳叶、冠、脸均为红色（图2-11）。

按体型分，固始鸡可分为大、小两种类型。大型母鸡体重1.75～2.25千克，公鸡2.5千克左右。小型公鸡体重2千克左右，母鸡1.25～1.5千克。蛋较大，但产量较低，深褐色蛋壳。

图2-11　固始鸡

（十二）鹿苑鸡

产于江苏省张家港市鹿苑镇。体型硕大，胸部较宽深，肉垂、耳叶小，喙、胫及皮肤为黄色，单冠，冠小而薄，全身羽毛紧贴体驱，颜色为黄色。母鸡开产日龄180天，开产体重2千克，年产蛋量144.72枚，平均蛋重54.2克，蛋壳褐色；种蛋受精率84.3%，受精蛋孵化率87.23%。成年公鸡、母鸡平均体重分别为3.12千克和2.37千克；90日龄公鸡、母鸡平均体重分别为1.48千克和1.2千克，120日龄公鸡、母鸡平均体重分别为1.88千克和1.59千克（图2-12）。

图2-12　鹿苑鸡

（十三）茶花鸡

产于云南省热带、亚热带地区，因其啼声似“茶花两朵”而得名。茶花鸡具有矮小的体型，肌肉结实，体躯匀称，喙、胫黑色，少数黑中带黄色，单冠，羽毛紧贴，红羽或红麻羽色，且机灵胆小，能飞善跑

（图2-13）。

年平均产蛋量70枚，平均蛋重38.2克，蛋壳深褐色。临沧地区成年公鸡、母鸡平均体重分别为1.47千克和1.02千克。150日龄公鸡、母鸡平均体重分别为750克和760克，180日龄公鸡、母鸡平均体重分别为970克和900克。

图2-13　茶花鸡

（十四）峨眉黑鸡

主要产于四川乐山沙湾、峨眉龙池、峨边毛坪等地。有较大体型，浑圆体态，全身羽毛具有金属光泽，为黑色，少数为紫色单冠或豆冠，多数为红单冠或豆冠，喙、胫黑色，皮肤为白色，偶有乌皮个体。目前，原始意义上的峨眉黑鸡很少见，即使在原产区也很难见（图2-14）。

年产蛋120枚，平均蛋重53.8克；受精率89.62%，受精蛋孵化率82.11%；90日龄公鸡、母鸡平均体重分别为973.18克和816.44克，120日龄公鸡、母鸡平均体重分别为1.569千克和1.304千克。

图2-14　峨眉黑鸡

（十五）萧山鸡

产于浙江省萧山县。有较大体型，似方而浑圆的外形，黄色喙、胫。母鸡羽毛多呈黄色，也有麻色；公鸡全身羽毛有红、黄两种。生长速度在早期较快，具有较高的屠宰率，肉质优良。开产日龄为163天，年产蛋量132枚，平均蛋重56克，蛋壳褐色；种蛋受精率90.95%，受精蛋孵化率89.53%；90日龄公鸡、母鸡平均体重分别为1.29千克和794克，120日龄公鸡、母鸡平均体重分别为1.25千克和922克，成年公鸡、母鸡平均体重分别为2.76千克和1.97千克（图2–15）。

图2–15　萧山鸡

（十六）石岐杂鸡

石岐杂鸡20世纪60年代中期就开始在香港选育。主要应用广东省的清远鸡、惠阳鸡和石岐鸡等著名的地方良种为对象，应用科尼什、新汉夏等外来品种进行杂交选育而成。保留了地方良种的黄皮肤、黄喙和黄腿的三黄特征，还将其骨细、肉嫩、鸡味鲜浓等特点保留了下来，生长速度和饲料的利用率得到了提高，同时还具有强抗病力、均匀度好的优点，是目前我国南方一些地区主要出口的黄鸡品种之一。饲养110～120天，公鸡的体重达2千克以上，母鸡的体重可达1.75千克以上。全期料肉比（3.2：1）～（3.4：1），成年母鸡年产蛋可达120～140枚（图2–16）。

图2–16　石岐杂鸡

第二节　鸡的营养需求与饲料

一、维持需要

鸡的营养需要分为维持需要和生产需要两部分。鸡的维持需要是指鸡不生产产品，体重保持不变，保持体内的营养物质和成分恒定，其分解代谢和合成代谢处于零平衡状态下的营养需要。实际上，鸡处于维持状态下，其体组织和成分依然处于不断更新的动态平衡中，也是有所改变的。

研究鸡的维持需要具有重要意义，对于肉鸡来讲，各种营养物质的维持需要有很多影响因素，主要包括生理状态、饮水以及饲养、环境温度、活动量、饲料等。

（一）生理状态

同一个体不同生理状态下有不同维持需要，如生长、产蛋就不一样。动物的年龄和体重越小，单位体重或代谢体重就需要越高的维持能量，如初生雏最低产热量为每克体重每小时23焦，而成年鸡仅为其1/2。越高的生产水平，维持消耗越多。公鸡的维持需要要比母鸡要高。

（二）饮水温度

给予肉鸡的饮水温度若比其体温低，则肉鸡为了增加水温，而要将体内热能消耗，从而将维持消耗增加，因此，寒冷季节要适当增加给饮水的温度，有利于使肉鸡的维持饲料消耗较低。

（三）环境温度

环境温度超出临界温度，基础代谢都会加快。环境温度比临界温度低时，肉鸡会因基础代谢和维持体温产热增加，而会增加维持需要。一般每下降1℃，维持需要能相应增加14%的代谢。当环境温度比临界温度高时，动物为了将过多热量排出而加快呼吸与循环，也要增加维持需要，在等热区时肉鸡维持水平最低。所以肉鸡饲养保持理想的环境温度很重要。

（四）活动量

由于基础代谢和自由活动产热的总和是维持状态下的能量需要量。因此，自由活动量越大，则用于维持的能量越多，反之则越少。所以，肉鸡饲养应对其活动适当限制，以节省维持需要的消耗。

（五）饲养和饲料

日粮种类、组成不同会直接影响肉鸡维持需要，其中，一个重要的影响因素是热损耗。蛋白质含量高的日粮，热损耗大。生长加快或生产水平提高，饲养水平提高，加强体内营养物质周转，增加维持需要。日粮代谢能浓度增加，维持需要也增加。

鸡的生长发育、生产产品、一切生命活动都需要能量，能量是鸡重要的和基本的需要。饲料中的大部分营养物质，如脂肪、蛋白质及碳水化合物在鸡体内消化代谢后，都有能量释放，供鸡利用。在鸡的饲养标准中，通常以代谢能来表示其能量需要量。

二、营养需要

肉鸡的营养需要包括蛋白质需要、矿物质需要、能量需要、维生素需要4个方面。根据肉鸡的营养需要，不同国家和不同品种的肉鸡的饲养标准也是不一样的。

（一）饲养标准的含义和性质

根据大量饲养试验结果和实际生产的总结，对各种特定的动物所需要的各种营养物质的定额作出规定，这种系统的营养定额的规定称为饲养标准。这是饲养标准的传统名称。现行饲养标准的确切含义是系统地表述经试验研究确定的特定动物（包括不同种类、性别、年龄、体重、生理状态和生产性能等）的能量和各种营养物质需要量或供给量的定额数值，经有关专家组集中审定后，定期或不定期以专题报告性的文件由有关权威机关颁布发行。饲养标准或营养需要的指标及其数值大都在一定形式的表格或所给出的模式计算方法中体现出来。文件有大量参考文献同时列出，扼要论述主要饲料营养价值及对确定需要量的原则等，对使用者提供参考或指导作用。

（二）饲养标准的局限性

动物饲养的准则是饲养标准，它能够使动物饲养者做到心中有数，避免盲目饲养。但是，饲养标准并不是饲养者能合理养好各种动物的保证。因为实际动物饲养中有很多影响因素，而饲养标准具有广泛的普遍性的指导原则，对所有影响因素的总结不可能面面俱到。但是，饲养标准规定的数值并不是在任何情况下都一成不变的，它随着饲养标准制定的条件以及外界因素的变化而变化，即使饲养标准考虑到了保险系数，也同样是会有所改变的。

1.配合的原则

肉鸡的饲养标准有两阶段和三阶段两种，也有对公鸡、母鸡分开配料的。我国实际生产中大都是公鸡、母鸡混养的三阶段饲养法。饲料配合的基本原则是保证配合饲料的科学性、营养性、实用性和安全性。

2.日粮配方

决定配合饲料质量和成本的关键是饲料的配方是否科学、合理，其也是饲料工业的核心软件。在当今日粮营养要求均衡全面、饲料原料种类繁多的今天，饲料配方的设计越来越重要。

（1）全价饲料配方的设计。常用的方法有联立方程法、试差法、计算机模拟法和交叉法等。目前，试差法和计算机模拟法在生产中较常用。使用计算机筛选配方有较快的速度，多种原料和多个营养指标都可考虑，能够选择出最低成本配方是其最大优点。这里主要介绍试差法。

目前，国内普遍采用的就是这种方法。具体步骤为：一是根据经验确定各种原料的大致比例，然后用该比例乘以该原料所含的各种营养成分，再将各原料的相同营养成分相加，该配方的每种养分的总量即可得到；二是将以上结果与饲养标准进行对照，任一养分若有缺乏或不足，进行调整时可通过改变相应原料的比例，直至所有指标都基本满足要求为止。

（2）浓缩饲料的配方设计。

①不同全价配合饲料配方的设计。相加配方中蛋白质饲料、矿物质饲料及其他添加剂饲料在全价饲料中的百分数，配方设计的系数用相加后的数值表示。

将豆粕、鱼粉、石粉、骨粉、食盐、1%预混料的百分数相加，即：31.0%+3.6%+0.5%+1.6%+0.3%+1%=38.0%。38.0%就是浓缩料的配制系数。用浓缩料中的各种原料的百分数除以系数0.38，浓缩料配方即可得到。浓缩料的营养水平（主要指能量和粗蛋白质）也可进一步计算出。

②配制浓度。要提前规定好一定的浓缩饲料，如配方设计系数，假定为40%，这时部分能量饲料可根据需要在浓缩饲料中保留着。即在38%的基础上，保留2%的玉米，可得40%的浓缩饲料，再用浓缩料中各种原料的百分数（应注意这时应包括玉米）除以系数0.4，即得40%浓缩料配方。

（3）精料配方的设计。目前，广大养殖专业户很适合使用精料，了解、掌握其配制技术很有必要。精料中含有矿物质饲料、高蛋白质饲料及添加剂预混料，其浓度一般在3%～10%。

在使用能量饲料时，必须按照营养和其他因素予以考虑。玉米的淀粉含量最丰富，是谷类饲料中能量较高的饲料之一。可以有大量热能和积蓄脂肪产生，适口性好，是肉用仔鸡后期肥育的好饲料。黄玉米的胡萝卜素、叶黄素比白玉米的含量更多，对鸡的蛋黄、喙、脚和皮肤的黄色素的沉积有促进作用。玉米中含有少量蛋白质，赖氨酸和色氨酸也不多，钙、磷也偏低。玉米粉可作为维生素、无机盐预先混合中的扩散剂。玉米最好磨到中等粒度。颗粒太细，会引起粉尘和硬结，而且会影响鸡的采食量；颗粒太粗，微量成分分布不均匀。

（4）植物性蛋白质饲料。常用的植物性蛋白质饲料主要有：

①豆饼（粕）。鸡常用的蛋白质饲料。一般用量在20%左右，用量过多会造成腹泻。其他动物性蛋白质饲料存在时，用量可在15%左右。切记不可用生黄豆对鸡进行喂食。

②花生饼（粕）。含较多脂肪，如果空气温暖而潮湿，容易引起酸败

变质，所以不宜久贮。用量在20%之内，否则会使鸡消化不良。

③棉籽（仁）饼。棉籽饼是带壳榨油的，棉仁饼是脱壳榨油的。因它含有的棉酚不仅对鸡有毒，而且还能和饲料中的赖氨酸结合，对饲料蛋白质的营养价值造成影响，用量控制在5%左右。

④菜籽饼。含有一种叫硫葡萄糖苷的毒素，与碱在高温条件下作用，水解后可去毒。但最好不要喂食雏鸡，其他鸡用量应限制在5%以下。

（5）动物性蛋白质饲料。动物性蛋白质饲料可以将饲料中的限制性氨基酸平衡，提高饲料的利用率，并对饲料中的维生素平衡造成影响，还含有所谓的未知生长因子。

①鱼粉。鸡的理想蛋白质补充饲料。含有全面的限制性氨基酸含量，特别是含有丰富的蛋氨酸和赖氨酸，十分有利于雏鸡生长和种鸡产蛋。但价格高，一般用量在10%左右。肉鸡上市前10天，鱼粉用量应减少到5%以下或不用，避免鸡肉有鱼腥味。

②血粉。含80%以上粗蛋白质，赖氨酸和精氨酸也很丰富。但不易消化，适口性差，所以只能占3%左右的日粮。

③蚕蛹。含大量脂肪，应脱脂后饲喂。由于蚕蛹有腥臭味，多喂会使鸡肉和蛋的味道受影响。用量应控制在4%左右。

④鱼下脚料。它是人不能食用的鱼的下脚料。运回应保持新鲜，避免腐败变质。拌料喂时必须煮熟。

（6）常量矿物质补充料。含氯、钠饲料。钠和氯都是肉鸡需要的重要元素，补充时常用食盐，食盐中含钠40%，含氯60%，碘盐还含有0.007%的碘。研究表明，食盐的补充量与动物种类和日粮组成有关。食盐在肉鸡日粮中用量一般为0.25%～0.4%。食盐不足可造成食欲下降，采食量降低，生产性能下降，并造成异食癖。但也不可过多喂食。

（7）含钙饲料。含钙饲料的喂食主要包括以下几个方面。

①石粉。主要是指石灰石粉，为天然的碳酸钙。石粉中含35%以上的纯钙，是补充钙最方便、最廉价的矿物质饲料。

②石膏。石膏的化学式为$CaSO_4$，灰色或白色结晶性粉末，含钙量在20%～30%，此外，熟石灰、方解石、大理石、白垩石等都可作为肉鸡的补钙饲料。

③蛋壳和贝壳粉。新鲜蛋壳与贝壳（包括牡蛎壳、蛤蜊壳、蚌壳、螺蛳壳等）会有一些有机物在烘干后制成的粉中，如蛋壳粉中粗蛋白质含达12.42%，含24.4%～26.5%的钙。因此，用鲜蛋壳制粉应注意消毒避免蛋白质腐败，甚至引起传染病。

④钙磷饲料。常用的肉鸡钙磷补充饲料有磷酸氢钙和骨粉。骨粉是以

家畜骨骼为原料，在蒸汽高压下，经蒸煮灭菌后，再粉碎而制成，产品骨粉含24%～30%钙，10%～15%磷。肉鸡日粮的磷酸氢钙不仅要将其钙磷含量控制住，还要特别注意含氟量。

（8）微量矿物质补充料。本类饲料用品多为化工生产的各种微量元素的无机盐类和氧化物。近年来，微量元素的有机酸盐和混合物备受重视。

①铜饲料。碳酸铜、氯化铜、硫酸铜等皆可作为含铜的饲料，有较好饲用效果，应用比较广泛，但容易吸湿返潮，拌匀较困难，饲料用有5水和1水两种的硫酸铜，要求有通过200目筛的细度。

②含碘饲料。比较安全常用的含碘化合物有碘酸钠、碘酸钾、碘化钾、碘化钠、碘酸钙，我国多用碘化钾。

③铁饲料。硫酸亚铁、碳酸亚铁、氧化铁、三氯化铁等都可作为含铁的饲料，其中硫酸亚铁的生物学效价较好，氧化铁最差。

④含锰饲料。碳酸锰，硫酸锰，氧化锰都可作为含锰的饲料。其他品种的锰化合物价格都比氧化锰贵，所以用量较大的是氧化锰。

⑤含硒饲料。硒既是肉鸡所必需的微量元素，又是有毒物质，所以使用时必须由专业人员配合，严格限制添加量，配合到饲料中一定要均匀。每吨饲料中的添加量必须在0.5千克之内（其中硒含量不超过100毫克）。

⑥含锌饲料。碳酸锌、氧化锌、硫酸锌均可作为含锌的饲料。氧化锌含70%～80%的锌，含锌量比硫酸锌约高1倍以上，比硫酸锌价格也便宜，饲料用的氧化锌要求通过100目筛的细度。

（9）天然矿物质饲料资源的利用。一些天然矿物质，如沸石、膨润土、麦饭石等，它们不仅含有常量元素，微量元素含量更丰富，并且由于这些矿物质有特殊的结构，所含元素大都具有可交换性或溶出性，因而容易被动物吸收利用。研究证明，向饲料中添加沸石、膨润土和麦饭石可以使肉鸡的生产性能提高。

（10）维生素饲料的利用。动、植物的某些饲料富含某些维生素，如种子的胚富含维生素E，鱼肝富含维生素A、维生素D，水果与蔬菜富含维生素C，酵母富含各种B族维生素，但这都不属于维生素类。只有直接化学合成的产品和经加工提取的浓缩产品才属于维生素类。鱼肝油、胡萝卜素就是来自天然动、植物的提取产品，属于此类的多数维生素是人工合成的产品。

第三节　孵化与育雏

一、鸡的孵化

（一）蛋形成过程中的胚胎发育

发育成熟的卵细胞排入输卵管的喇叭口与精子相遇成为受精卵，胚胎即开始发育、受精卵约经过24～27小时的不断分裂，在经过第一次细胞分裂后由卵裂经囊胚期，直到原肠期形成外胚层和内胚层时，蛋就产出体外。这时的胚胎称为“胚盘”。在体外，当温度下降到23℃以下，胚胎暂时停止发育。

（二）在孵化期的胚胎发育

鸡胚经21天孵化发育成雏鸡。在孵化期间的胚胎发育，大概分为四个阶段，并各有其发育特征。

1.内部器官发育阶段

在鸡蛋孵化的第1～6天，先在内胚层与外胚层之间很快形成中胚层，此后由这3个胚层形成各种组织和器官。外胚层形成皮肤、羽毛、喙、趾、眼、耳、神经以及口腔和泄殖腔的上皮等；内胚层形成消化道和呼吸道的上皮以及分泌腺体等；中胚层形成肌肉、生殖器官、排泄器官、循环系统和结缔组织等。

2.外部器官形成阶段

在鸡蛋孵化的第7～18天，胚胎的颈部伸长，翼、喙明显，四肢形成，腹部愈合，全身覆盖绒毛。

3.胚胎强化生长阶段

在鸡蛋孵化的第19～20天，由于蛋白全部被吸收利用，胚胎强化生长，肺血管形成，尿囊及羊膜消失，卵黄囊收缩进入体腔，开始用肺呼吸，并开始鸣叫和啄壳。

4.出壳阶段

在鸡蛋孵化的第20～21天，雏鸡利用喙端的齿状突继续啄壳至破壳而出。

二、鸡蛋孵化的条件及工艺设备

人工孵化包括孵化场（厂或室）的建设、设备选择与孵化各项必需条件的创造；应建有符合规范的孵化用房；配备具有较高素质的管理、技术人员和操作工人；制定并执行严格的管理规程和制度。

（一）孵化场场址的选择

鉴于孵化场是最怕污染的场所，因为它承担着孵化出健康的雏禽的任务；而孵化场又是最容易污染的场所，因为它对外界环境与物件又分不开。因此，要严格选好孵化场的地址。严格来说，孵化场应该是一个独立的隔离单位或部分。另外，还要满足一些必需的要求。

（二）孵化场的布局

根据不同的规模和生产任务，可以设计不同规格的孵化场布局。

（三）孵化厅的空间要求

孵化场用房的墙壁，地面和天花板，应选用防火、防潮和便于冲洗的材料，孵化场各室（尤其是孵化室和出雏室）最好为无柱结构，以便更合理安装孵化设备和操作。门高2.4米左右、宽1.2～1.5米，以利种蛋和蛋架车等的运输。地面至天花板高3.4～3.8米。孵化室与出雏室之间应设缓冲间，既便于孵化操作，又利于防疫。

此外，还要特别注意孵化厅的地面要求、温度与湿度要求、通风要求和供水供电要求等。

三、鸡蛋的孵化方法

鸡蛋的孵化方法可分为天然孵化法与人工孵化法2类。人工孵化法又可分为民间传统孵化法、机器孵化法及简易孵化法3类。

（一）自然孵化法

自然孵化是具有抱性鸡的本能，迄今仍为广大农户自繁自养的主要手段，为保存良种和发展家庭养鸡业，起到了积极作用，为广大农民奔小康做出了巨大的贡献。主要特点包括以下几个方面。

1.自然孵化的特点

天然孵化设备简单，费用低廉，管理方便，孵化效果较好。有些大户已采用母鸡轮流孵化，以期尽量保持母鸡体重，早日醒抱，尽快恢复下一个产蛋周期。

2.孵蛋前的准备

要使种蛋的质量有保证，必须将种蛋的管理工作做好，种蛋管理的好坏与种蛋的孵化率有直接关系，进而对孵化厂的经济效益造成影响。主要从以下三方面进行种蛋管理，即种蛋的选择、种蛋的保存和种蛋的消毒。

3.孵化期的管理

（1）人工辅助翻蛋。抱窝母鸡利用喙、趾爪、两翼进行翻蛋。一般在入孵24小时后应每天定时辅助翻蛋2～3次，并及时做好记录，以免重复或遗漏翻蛋工作。翻蛋时，应先将母鸡从窝内移开，然后窝内的蛋进行边蛋与心蛋对换，面蛋与底蛋对换。最好用红笔在蛋的纵向画一条线，以便翻蛋时能翻大角度，翻好后再将母鸡移入巢内即可。

（2）定期进行照蛋。一般在孵化过程中要进行2～3次照蛋，取出无精蛋和死精蛋，并观察胚胎发育的情况。照蛋后要及时并窝，多余的抱窝母鸡则进行醒抱或孵化新蛋用。头照在入孵5～8天，二照为15天，三照在27～28天进行。

（二）机器孵化法

机器孵化又称电气孵化。它适应集约化、工厂化生产，孵化量大，质量好，可以满足市场各方面需要。其操作程序包括以下几个方面。

1.制订孵化计划

根据育种计划、生产计划或合同，并根据孵化与出雏能力，种蛋数量以及市场情况，制订出孵化计划，无特殊情况一般勿轻易更动。制订计划时，要尽可能将各种工作按照复杂程度分好，以便提高工作效率。

2.准备孵化用具用品

孵前1周应将有关用具用品准备齐全，如温度计、湿度计、照蛋器、消毒用品、防疫注射器、记录表格、易耗元件、电动机、马达皮带等。

3.温度和湿度调节

传感器或仪表经校正后，即可启用。孵化室的室温将直接影响孵化机内的温度，应要求室温为22～27℃。寒冷季节，室内应增温，夏季应降温。

在正常情况下，不要随便调整温度，即使在停电状态，也勿随意调节。

4.清扫消毒

出雏完毕，首先捡出死胎（“毛蛋”）和残、死雏，并分别登记。然后对所用到的设备和工具等进行彻底清扫消毒。同时孵化场丢掉的废物也需要进行专门集中深埋或焚烧处理。

5.停电处理

鸡场停电后应及时和供电部门联系，停电前获得预先通知，以便应对。停电后，如有发电机，可自行发电，但需配备稳压器。如无供电设备，停电后应将孵化机的所有电源开关关闭，增加室温。

6.统计报表

每批孵化结束后，都应按照实际情况登记报表，统计有关技术指标，以期总结经验教训。

四、育雏关键技术

雏鸡生长发育迅速、代谢旺盛，体温调节机能不完善，胃容积小且消化能力弱，胆小怕惊，对外界环境反应敏感，抗病力、抵抗力差。饲养上，要满足营养需要，注意饲喂纤维含量低、易消化的饲料，管理上要不断供给新鲜空气，环境要安静，防止各种异常声响，防止狗、猫和老鼠的伤害，并做好各项卫生防疫、消毒工作，预防疾病发生。育雏方式有地面育雏、网上育雏、小床育雏和笼中育雏。

1.育雏前的准备

育雏以前应充分做好以下各项准备工作。

①准备好育雏舍和育雏设备。育雏舍要求向阳、干燥、保温、通风、门窗严紧，房屋不漏雨，墙壁无裂缝，水泥地面无鼠洞；火炉、保温器、饲槽、饮水器、温湿度计、扫帚、清粪工具、消毒工具等都要准备好。

②对育雏舍彻底清洗、消毒。

③鸡舍预热，进雏前1～2天打开加热器，提高育雏舍温度，保证舍温达到育雏温度要求（一般靠近热源处35℃，舍内其他地方最高24℃左右）。

2.雏鸡到达时的安置

雏鸡运到育雏地点后，先在雏鸡舍地面静置半小时左右，以缓解运输应激、逐渐适应鸡舍的温度环境。再根据雏鸡的大小和强弱分群装笼。体质虚弱的雏鸡放置在离热源最近、温度较高的笼层中；少数俯卧不起体质虚弱的雏鸡，则要创造35℃的环境单独饲养。经过3～5天的单独饲养管理，康复后的雏鸡即可放入大群饲养。

雏鸡的饲养，主要包括以下几个方面。

（1）初饮。先饮水后开食。雏鸡到达后的第一次饮水称为“初饮”。初饮的时间是雏鸡到达育雏舍后1小时之内；饮用18～20℃的温开水，切莫饮用低温凉水；可饮用5%葡萄糖水或8%蔗糖水提高应激能力、饮用0.01%～0.05%高锰酸钾水或40万国际单位/200毫升青霉素水，预防疾病。

（2）开食。雏鸡到达后的第一次吃食称“开食”。适时开食是科学养鸡的技术措施之一，主要包括开食时间、开食饲料、开食方法、饲喂次数和料槽的更换等方面。

（3）雏鸡喂料量。第一周内1只雏鸡1天喂10克饲料，第四周起1只雏鸡1天喂25克饲料，第六周起1只雏鸡1天喂35克饲料。每天的料应基本吃完，不要剩料，以免养成雏鸡挑食，造成营养不均衡。

3.雏鸡的管理

雏鸡的管理条件有合适的温度、适宜的湿度、正确的光照制度、新鲜的空气、合理的饲养密度、严格的卫生和防疫制度；雏鸡生长发育（鸡只精神、采食、饮水、粪便等）的观察和称重；生产记录的填写等。日常管理工作的好坏是育雏成败的关键环节之一。

（1）温度的管理。适宜的温度是育雏成功的首要条件，必须严格正确地掌握，切忌过高过低或忽高忽低。温度过高影响其正常代谢，导致雏鸡食欲减退、体质变弱、生长发育缓慢；过低则易导致感冒，诱发鸡白痢。

随着日龄的增加，当温度降低至室内外温差不大时，即进行脱温；脱温一般选择风和日丽的晴天，鸡群健康无病时进行，避开免疫、转群、更换饲料等各种逆境；脱温要逐渐进行，用3～5天的时间逐渐撤离保温设施；脱温后雏鸡舍要保持干燥，料槽和饮水器等设施尽量维持原貌，减轻雏鸡的不适应感。

（2）湿度。常用干湿球温度表监测湿度，添加到湿球水盒的水为蒸馏水或凉开水。也可进行鸡舍地面洒水。另外，饮水器中要保持饮水不断。

（3）光照。合理的光照制度能加强雏鸡的代谢活动，增进食欲，有助于钙、磷的吸收，促进雏鸡骨骼的发育，提高机体免疫力。应从雏鸡出壳就开始合理的光照。

（4）饲养密度。密度是指育雏舍内每平方米容纳的雏鸡数。密度过大，鸡群拥挤，吃食不均，发育不整齐。饲养密度要根据鸡舍的构造、通风及饲养条件等具体情况灵活掌握。

（5）通风。保持鸡舍内的空气新鲜是雏鸡正常生长发育的重要条件之一。雏鸡呼吸时，排出二氧化碳，粪便也发出臭味（氨气和二氧化硫等），有害气体会刺激鸡的气管、食道、眼睛等敏感部位，发生呼吸道疾病。因此一定要通风，保持空气清新。

（6）断喙。断喙用切喙器或烙铁把雏鸡的嘴尖切下来。上喙切除从嘴尖到鼻孔的1/2，下喙切掉前端的1/3。切时注意不要把舌头切掉。另外，断喙前1天和断喙后2天，每千克饲料中添加2～3毫克维生素K和150毫克维生素C；断喙后3天内供给充足饮水和饲料。

（7）严格的卫生和防疫。雏鸡死亡原因很多，如鸡白痢、脐炎、脱水、感冒、维生素缺乏、鼠害及啄死。全进全出制、严格的消毒和隔离制度是防病主要措施。

4.育雏效果的评价

雏鸡成活率、育成鸡成活率是检查育雏成绩优劣的重要指标。质量良好的雏鸡，整个育雏期的成活率应在98%以上。检查雏鸡生长发育的好坏，往往以体重为标准。各阶段标准体重是检查饲喂是否合理的依据。均匀度在80%以上的鸡群是很好的鸡群，均匀度在70%～75%的鸡群为一般鸡群，均匀度不足70%的鸡群为较差的鸡群。

第四节 生态放养肉鸡的饲养管理

一、生态肉鸡饲养方式的选择

放养期的饲养方式对鸡肉品质的影响比较大，雏鸡育雏6～8周龄后，以放牧为主，补饲为辅，可采用放牧加补饲生态养殖法。根据各地的区域特点，在生态自然环境良好的林地、果园、农闲地、荒山等规模养鸡。

（一）种养结合养殖模式

我国北方地区冬长夏短，昼夜温差大，冬季严寒，这给北方的种、养殖业生产带来很多困难。据估计，冬季蔬菜生产燃料费占总成本达30%以上，冬季养鸡生产燃料费约占成本的3%。为了这一问题的解决，有人提出种养结合发展鸡生态养殖的生产模式，使蔬菜温室所采集的太阳光能与鸡在生长过程中产生的热量形成互补，蔬菜和鸡在和谐的生态环境中互利共生。在饲养过程中产生的鸡粪可完全为蔬菜种植提供肥料，对环境的污染就减少了。

（二）农田养殖模式

稻田养鸡的养殖模式早在我国明清时期就出现了。它是根据水稻各生长期的特点，鸡的生理、生活习性和水稻病虫害发病规律及稻田中饲料生物的消长规律性四者结合起来的一种养殖模式。而鸡的稻田养殖模式是利用水稻收割后对闲置责任田实行放养。稻田里未成熟的稻粒和掉落的稻穗及稻田内的虫子、虫卵，还有各种杂草、草籽等，都是鸡的好饲料。

（三）三园养殖模式

利用三园（果园、竹园、茶园）的生态环境，将鸡在其中放养，以自由采食野草和昆虫为主，人工补喂混合精料为辅。人们已越来越欢迎夜间舍内寄宿的生产模式。园生态养鸡重在营建“树—鸡食园中虫草—鸡粪肥园养树滋草—树荫为鸡避雨挡风遮炎日”的生态链，从而将家禽粪便有效解决并利用了，使化学物质对环境的污染减少。

（四）林地养殖模式

林地养鸡是根据本地土鸡耐粗饲、适宜散养的特性，在成片林地将土鸡散养，利用土鸡将林地的杂草、昆虫采食，同时辅以适量的玉米和稻谷等精料的一项生态、绿色、高效的养殖项目。

（五）立体养殖模式

实践证明，如果把养鸡与养鱼结合起来，利用它们之间的食物链关系，重复利用饲料，这是提高经济效益、降低生产成本的好办法，也是养殖业的一项新技术。

（六）草场养殖模式

草场虫草资源丰富，大量的绿色植物、昆虫、草籽和土壤中的矿物质可被鸡群采食到。另外，草场中最好要有树木为鸡群遮阳或下雨提供庇护场所，若无树木则需搭设遮阳棚。

二、所需养鸡设施、设备

放养鸡的活动半径一般在100～500米，有相对较大的活动面积。夏季天气炎热，放养鸡又经常将一些高黏度的虫体蛋白采食，有较多饮水量。因此，如何为放养鸡提供清洁、充足的饮水显得非常重要。其主要的设施、设备包括喂料、饮水装置，棚舍、围网筑栏和诱虫设备等。此外，没有电源的地方还需要2个12伏的大容量电瓶和300瓦的风力发电机。

三、放养肉鸡的饲养管理

（一）放养鸡的准备工作

应是符合产地环境质量标准NY/T 391—2000《绿色食品产地环境技术条件》要求的放养场地有放养肉鸡可食的饲料资源（如昆虫、野菜、饲草等）。棚舍设置栖架，每只鸡所占栖架至少有17～20厘米的长度。多棚舍要布列均匀，坐北朝南，间隔150～200米。选择用铁丝网或尼龙网将放养地围栏封闭。

（二）放养日龄和季节选择

雏鸡达40～50日龄，于5—6月，开始放养时白天气温不低于15℃。

（三）日常管理饮水和配合饲料标准

育雏期保证鸡群时刻有充足饮水，傍晚鸡群回归棚舍后补料1次。按疫病防疫程序，定期接种疫苗和预防性投药、驱虫和环境消毒。所用药品和使用方法要求同育雏期。加强管理，预防兽害：每500只鸡配养35只鸡，夜间将鸡栖于舍外，可防止黄鼠狼、老鼠、蛇、鹰、野狗等对鸡群的伤害。喷洒农药时注意划区喷药、轮牧相结合。注意预防风雨、冰雹的伤害。

（四）调教育雏后期

开始在投料时进行适应性训练，以口哨声或敲击声为宜。放养时早晨和傍晚拿料桶配合口哨，边走边撒料，把鸡群从鸡舍引导到放牧场地或从放牧场地引导到鸡舍，由近及远，反复训练5～7天。

（五）诱虫

除将供放养肉鸡采食的昆虫饲养好外，还可用激素诱虫或使用灯光诱虫。激素诱虫是每公顷放置15～30个性激素诱虫盒或以橡胶为载体的昆虫性外激素诱芯片，30～40天换1次。灯光诱虫是在幼虫的季节在傍晚后于棚舍前活动场内，用支架将黑光灯或高压灭蛾灯悬挂于离地3米高的位置，每天照射2～3小时。

四、病、死鸡处理

按GB 16548—2006的要求将因传染病致死的鸡或因病扑杀的死尸进行无害化处理。

一般地区可以参考下面的免疫程序：1日龄进行马立克氏病液氮苗接种，5日龄将新城疫及传支二联多价冻干苗接种，12日龄接种法氏囊苗，18日龄接种新城疫及传支二联苗二免，24日龄用法氏囊苗二免，35日龄用鸡痘与禽流感油苗同时免疫，55～60日龄接种新城疫Ⅰ系苗。

第五节　生态放养蛋鸡的饲养管理

一、产蛋鸡饲养管理

产蛋期一般为21～72周龄，高产鸡推迟到76周龄或78周龄。此阶段的主要任务是在客观条件许可的范围内，最大限度地减少或消除各种不利因素对蛋鸡的有害影响，尽可能创造一个利于鸡群高产、稳产的适宜生活环境，充分发挥蛋鸡的生产性能，获取最大的经济效益。

（一）产蛋前期的饲养管理

产蛋前期母鸡的繁殖功能旺盛，代谢强度大，摄入的营养物质主要是用于产蛋，蛋鸡的抵抗力差，很易感染疾病，应加强防疫卫生工作，但要避免接种疫苗和驱虫。母鸡的产蛋率每周增加20%~30%；平均体重每周要增加30~40克，蛋重每周增加1.2克左右。这一时期饲料营养水平必须满足产蛋需求，一定要喂给营养完善、品质优良的日粮。注意提高日粮中蛋白质、代谢能和钙的浓度。每日每只鸡需要供给优质蛋白质18克，代谢能1.26兆焦。

（二）产蛋高峰期的饲养管理

一般将蛋鸡开产后产蛋率达到80%以上的时期称为产蛋高峰期。一般可持续6个月或更长。高峰期的产蛋率与全年的产蛋量呈强的正相关，因而必须想方设法提高高峰期母鸡的产蛋率，并且维持产蛋高峰期的时间，以提高鸡群的产蛋量。

（三）产蛋后期的饲养管理

当鸡群产蛋率下降到80%以下时，就应逐渐转入产蛋后期的饲养管理，目的是使产蛋率尽量保持缓慢的下降，且要保证蛋壳的质量。主要措施是给蛋鸡提供适宜的环境条件，保持环境的稳定、对产蛋高峰过后的鸡进行限制饲养、蛋鸡淘汰前2周将光照时间增加到18小时。

二、蛋种鸡饲养管理

（一）蛋用种鸡的生产指标

饲养种鸡的目的主要是繁殖尽可能多的合格种蛋，并使这些种蛋的受精率与孵化率提高，孵出的雏鸡体质健壮。

（二）饲养方式

饲养方式和鸡的体形大小等密切相关，主要的饲养方式有以下几种。

①全地面垫料平养。种鸡养在地面垫料上，自然交配繁殖，5只母鸡配1个产蛋箱。采用大型吊塔式饮水器或安装在鸡舍两侧的水槽供水，采用吊式料桶或料槽、链式料槽、弹簧式料盘、塞索管式料盘等喂料。

②离地网上平养。种鸡养在离地约60厘米的铝丝网或竹（木）条板上，自然交配繁殖。供水及喂料设备与全地面平养方式相同。

③笼养人工授精。种母鸡养在产蛋种鸡笼中，种公鸡养在种公鸡笼里，采用人工授精方式获取种蛋，这是我国多数蛋种鸡场普遍采用的饲养方式。

④种鸡小群笼养。笼子规格不同，饲养种鸡数也不同。较为常见的笼

子规格为：笼长3.9米，宽1.94米，养80只母鸡和8～9只公鸡。采用自然交配，种蛋从斜面底网滚到笼外两侧的集蛋处，不用配产蛋箱。

（三）笼养种鸡的管理

种鸡笼养时有两种交配形式，即自然交配和人工授精。

（四）种蛋的管理

饲养种鸡的唯一目的是生产大量能够孵出高质量雏鸡的种蛋，且种蛋的生产应尽可能经济而又不影响雏鸡的质量。

第六节　生态放养鸡常见疾病与防治

一、禽流感

禽流感又称真性鸡瘟或欧洲鸡瘟，是由A型流感病毒引起的一种高度接触性、急性和致病性传染病。该病毒不仅血清型多，而且毒株易变异、自然界中带毒动物多，这增加了禽流感病的防治难度。

（一）流行特点

禽流感病毒（AIV）在低温下有较强抵抗力，故春季和冬季容易流行。不同日龄和各种品种的禽类均可感染，发病急、传播快，致死率可达100%。尚未发现与家禽性别有关。在禽类主要依靠水平传播，如粪便、饲料、空气和饮水等。实验表明：实验感染的蛋中含有AIV，因此垂直传播的可能性不能完全排除。猪和各种家禽混养，可引起禽流感的发生与流行。

（二）临床症状

1.高致病型

防该种病病发时，鸡喙发紫，窦肿胀，头部水肿，肉冠发绀、充血和出血，腿部也可见到充血和出血。体温升高达43℃，采食减退或不食，有的出现绿色下痢，蛋鸡产蛋明显下降，甚至绝产，蛋壳变薄，破蛋、沙皮蛋、软蛋、小蛋增多。

可能有呼吸道症状，如呼吸极度困难、甩头，严重的可窒息死亡，窦炎、结膜炎、打喷嚏、鼻分泌物增多。

2.温和型

产蛋突然下降，蛋壳颜色变浅、变白，排白色稀粪，伴有呼吸道症状。

（三）防治措施

1.消毒

对禽流感流行的综合控制措施要加强，鲜活禽产品不从疫区或疫病流行情况不明的地区引种或调入。控制外来人员和车辆进入养鸡场，确需进入则必须消毒；保持饮水卫生；不混养家畜家禽；做好全面消毒工作；粪尿污物无害化处理。

2.淘汰

鸡禽流感发生后，肉鸡的生长受到严重影响，肉种鸡的产蛋和蛋壳质量也受影响，发生高致病性必须扑杀，发生低致病性的一般也没有饲养价值，也要淘汰。

3.免疫接种

某一地区流行的鸡流感只有一个血清型，接种单价疫苗是可行的，这样对准确监控疫情有利。

二、新城疫

鸡新城疫俗名鸡瘟，是由副黏病毒引起的一种主要侵害鸡和火鸡的急性、高度毁灭性和高度接触性的疾病。临床上表现为呼吸困难、神经症状、下痢、黏膜和浆膜出血，常呈败血症。典型新城疫可达90%以上的死亡率。鸡新城疫是国际兽疫局法定的A类传染病。

（一）流行特点

本病不分年龄、品种和性别，均可发生。本病的主要传染源是病鸡，在其症状出现前24小时可由鼻、口分泌物染。现阶段出现了一些新的特点。

①疫苗免疫保护期缩短，保护力下降。

②多呈混合感染。如与法氏囊病、禽流感、霉形体病、大肠杆菌病等混合感染。

③由于免疫程序不当或有免疫抑制性疾病的存在，常引起免疫鸡群发生非典型症状和病变，其死亡率和病死率较低。

④发病日龄越来越小，最小可见10日龄内的雏鸡。

⑤感染的宿主范围增多，出现了对鸡有强致病性的毒株。

（二）临床症状

潜伏期3～5天。根据病程将此病分为典型和非典型两类。

1.典型新城疫

鼻、口腔内积有大量黏液，呼吸困难，发出“咯咯”音；食欲废绝，饮水量增加；体温升至44℃左右，精神沉郁，垂头缩颈，翅膀下垂；冠及肉髯呈青紫色或紫黑色；排出绿色或灰白色水样粪便，有时混有血液；病程稍长，部分病鸡出现头颈向一侧扭曲，一肢或两肢、一翅或两翅麻痹等神经症状；眼半闭或全闭呈睡眠状；嗉囊充满气体或黏液，触之松软，从嘴角流出带酸臭味的液体。感染鸡可达90%以上的死亡率。

2.非典型新城疫

幼龄鸡患病，主要表现为呼吸道症状，如呼吸困难，张口喘气，常发出“呼噜”音，咳嗽，翅下垂或腿麻痹，安静时可恢复常态，口腔中有黏液，往往有摆头和吞咽动作，进而出现歪头、扭头或头向后仰现象，站立不稳或转圈后退，还可采食，若稍遇刺激，又显现各种异常姿势，如此反复发作，病程可达10天以上。一般为30%～60%的死亡率。

（三）预防措施

定期进行抗体检测。通过血清学的检测手段，可以及时了解鸡群安全状况和所处的免疫状态，便于科学制定免疫程序，并有利于考核免疫效果和发现疫情动态。

控制好其他疾病的发生，如IBD、鸡痘、霉形体病、大肠杆菌病、传喉和传鼻的发生。

加强饲养管理，做好鸡场的隔离和卫生工作，严格消毒管理，减少环境应激，减少疫病传播机会，增强机体的抵抗力。

三、传染性法氏囊炎

鸡传染性法氏囊炎也称鸡传染性法氏囊病（IBD），是由传染性法氏囊病毒（属于双链核糖核酸病毒属）感染引起雏鸡发生的一种接触性、急性传染病。主要症状为：病鸡震颤和重度虚弱，法氏囊肿大、出血，肾小管尿酸盐沉积，腹泻，厌食，骨骼肌出血。

（一）症状

本病的特点是幼、中雏鸡突然大批发病。本病的潜伏期2～3天。有些病鸡在病的初期排粪时发生，并啄自己的肛门，随后羽毛松乱，采食减少或停食，畏寒发抖，低头沉郁，嘴插入羽毛中，拥挤、扎堆在一起或紧靠在热源旁边。病鸡的体温可达43℃，有明显的脱水、电解质失衡、极度虚弱、皮肤干燥等症状。病鸡多在感染后第2～3天排出特征性的白色水样粪便，肛门周围的羽毛被粪便污染。

（二）防治

1.加强饲养管理和环境消毒工作

平时给鸡群以全价营养饲料，通风良好，温度适宜，密度适当，增进鸡体健康。实行全进全出的饲养制度，认真做好清洁卫生和消毒工作，减少和杜绝各种应激因素的刺激，对本病发生和流行的防止具有十分重要的作用。

2.免疫接种

本病特效的治疗方法至今尚无，防治法氏囊病的主要方法是采用活疫苗与灭活疫苗免疫接种。

①商品肉仔鸡免疫接种。肉仔鸡在10～14日龄时进行首次饮水免疫，隔10天进行2次饮水免疫。

②种鸡的免疫接种。雏鸡在10～14日龄时用活苗首次免疫，10天后进行第二次饮水免疫，然后在18～20周龄和40～42周龄用灭活苗各免疫1次。

四、传染性支气管炎

传染性支气管炎（IB）的临床特征是咳嗽，打喷嚏，气管、支气管啰音，蛋鸡产蛋量下降，质量变差，肾脏肿大，有尿酸盐沉积。是由鸡传染性支气管炎病毒（AIBV，它属于冠状病毒属的病毒）引起的一种急性高度接触性呼吸道传染病。

（一）临床症状

1.呼吸型

突然出现有呼吸道症状的病鸡并迅速将全群波及为本病特征。5周龄以下的雏鸡几乎同时发病，鼻肿胀、流泪、咳嗽、流鼻液、打喷嚏、伸颈张口喘息，病鸡怕冷，很少采食，羽毛松乱，个别鸡有下痢出现，成年鸡主要表现轻微的呼吸症状和产蛋下降，产畸形蛋、粗壳蛋、软蛋，蛋清如水样，蛋白和蛋黄分离以及蛋白黏着于蛋壳膜上，没有正常鸡蛋那种浓蛋白和稀蛋白之间的明确分界线。雏鸡感染IBV，可引起永久性损伤，到产蛋时产蛋数量和质量下降，当支气管炎性渗出物形成干酪样栓子将气管堵塞时，可因窒息而死亡。

2.嗜肾型

多发于20～50日龄的幼鸡，主要继发于呼吸型IB，精神沉郁，厌食，饮水量增加，排灰白色稀粪或白色淀粉样糊状粪便，迅速消瘦。可造成肾衰竭，导致中毒和脱水死亡。

3.腺胃型

仅在商品肉鸡中发现，一般不易在初期发现，精神不振，闭眼，食欲下降，生长迟缓，耷翅或羽毛蓬乱。流泪，肿眼，严重者导致失明，有的有呼吸道症状，苍白消瘦，采食和饮水急剧下降，拉黄色或绿色稀粪，粪便中有未消化或消化不良的饲料。发病中后期极度消瘦，衰竭死亡。发病后期鸡群表现发育极不整齐，大小不均，病鸡为同批正常鸡的1/3～1/2不等。

（二）防治

首先，加强饲养管理，将鸡舍内外卫生和定期消毒工作搞好。要经常保持鸡舍、饲养管理用具、运动场地等清洁卫生，实施定期消毒、隔离病鸡等防制措施。

其次，定期接种，种鸡在开产前要接种传染性支气管炎油乳苗。

最后，孵化用的种蛋，必须来自健康鸡群，并经过检疫证明无病源污染的，方可入孵，以杜绝通过种蛋传染此病。

五、禽大肠杆菌病

禽大肠杆菌病是由致病性大肠杆菌引起的禽类的慢性或急性疾病的总称。近年来大肠杆菌病在集约化养禽场中有明显上升的趋势，已成为危害肉鸡饲养业的主要疾病之一，各养禽国高度重视此病。

（一）临床症状

1.急性败血型

病鸡不显症状而突然死亡，或症状不明显就死亡。病程长的病鸡表现呆立或挤堆，羽毛松乱，食欲减退或废绝，排黄白色稀粪，发病率和死亡率较高。

2.卵黄囊炎和脐炎

鸡胚的卵黄囊是受感染的部位，许多鸡胚在孵出前就死亡，尤其是孵化后期。卵黄囊感染的雏鸡表现为卵黄吸收不良，腹部胀大下垂，脐孔闭合不全，脐周皮肤发红水肿。某些雏鸡在孵出时或在孵出后不久就死亡，死亡一直延续3周。

3.卵黄性腹膜炎

产蛋母鸡可发生腹腔内的大肠杆菌感染，以急性死亡、纤维素渗出和游离的卵黄为特征。大肠杆菌经输卵管上行至卵黄内，在此迅速生长，由于卵黄落入腹腔内而造成腹膜炎，外观腹部膨胀，呈“垂腹”现象。

4.输卵管炎

许多母鸡发生慢性输卵管炎。病鸡常在受到感染后的6个月内死亡，发病后存活的几乎无产蛋能力。

（二）防治

1.改善管理

将饲养管理改善、将发病诱因消除是控制本病的首要措施，也被证明了是最有效的方法。要有适宜的孵化温度，改善通风，减少灰尘，勤于除粪，减少氨气的含量，对种蛋、孵化器进行消毒。

2.免疫预防

从当地分离出致病性大肠杆菌，鉴定血清型，确定优势菌株，制成单价灭活苗或者将某地特定血清型的大肠杆菌制成多价苗，每毫升含菌量达40亿个左右，这是目前较为成功的方法。种鸡免疫后，雏鸡可获得被动保护，同时受精蛋的出雏率也可提高，产蛋鸡产蛋周期内死亡淘汰率降低。为确保菌苗的效果，需进行2次免疫，第1次为4周龄，第2次为18周龄。目前研究报道较多的是蜂胶佐剂苗、油佐剂苗，有较为理想的效果。

第七节　生态放养鸡生产模式研究

一、林地生态放养鸡模式

随着退耕还林政策的深入落实，广大丘陵地区的生态环境得到了明显的改善，林地面积大大增加。为了进一步利用这得天独厚的优势，增加失地农民的收入，发展林下养鸡模式是一个有效的措施。林下养鸡是利用林地作为鸡的运动场来进行散养优质鸡的一种模式。这种模式有利于提高鸡的抗病力及肉质风味，还可以增加土壤肥力，促进树木生长。

（一）养殖场地

养殖场地主要是退耕还林的林地。养鸡设施：选用辐宽为2米的钢纱网，将林带四周围上，在上、中、下部用3根铁丝与树木固定，网下部埋入土中10厘米。靠林网北面建设向阳避雨棚，并安装足够的饮水器。

（二）种植牧草

划一块固定的林地作为种草专用地，进行浅耕，耙匀耙平，浇水塌墒。牧草品种选择黑麦草等，第二年可以收割，牧草粉碎拌料用于作为鸡的青绿饲料。

（三）防治疫病的发生

用新城疫Ⅳ系疫苗分别在7日龄、20日龄、50日龄各免疫1次，用鸡传染性法氏囊疫苗分别10日龄、21日龄各免疫1次。

（四）经济效益

每亩林地半年种草围网养鸡带来的收益效益还是非常可观的，除去投入资本，每亩每年可以净赚几千元。

二、野外简易大鹏养鸡模式

（一）投资少，收效快，经济效益显著

在野外建简易大棚舍养鸡，使用的材料多是本地生产的竹、木、稻草或油毡纸，价格便宜，投资少。

（二）鸡粪可以肥地，有利于林业、果业的发展

每亩果园或林地，年平均养鸡500只，饲养114天，可产鸡粪2850千克，相当于27千克尿素、189.92千克的过磷酸钙、37.85千克的氯化钾所含的养分。施用鸡粪的果园，产果量比用无机肥施肥的增产15%，且果质甜脆，不含酸味，因此，很受果农的欢迎。

（三）可以减少疾病的发生和传播

野外山坡、林地、果园的地势高，空气清新，阳光充足，便于场地灭菌消毒，鸡群实行全进全出，可减少疫病的发生和传播。

三、林下和灌丛草地养鸡模式

在林下和灌丛草地养鸡，是利用林下和灌草丛来养优质肉鸡的模式。这种模式与林下围网养鸡最大的区别就是鸡可以在灌草丛中自由采食，鸡的抗病力更强，肉质更加细嫩鲜美，而且可以节约饲料、免去种植牧草的环节。

四、山地放牧养鸡模式

近几年来，由于市场需求的变化，消费者越来越注重畜产品的品质和安全性。一些养鸡户利用空闲山地放养本地鸡，销往大中城市，其效益较为可观。与其他养鸡方式相比，山地放养土鸡具有明显的优势：一是投资少、成本低。由于放归山林，土鸡以野食（虫、草）为主，因此大大减少饲料的投入。二是土鸡食料杂、肉质细嫩、野味浓郁、肉质鲜美，活鸡市场售价高达36～48元/千克。三是土鸡抗逆性强，适应性好。四是山地放养方法容易掌握，风险小。五是省工省时，1人可放养1500～2000只。

第八节　生态养殖鸡场经营与管理

一、经营决策

掌握鸡场经营管理的基本方法是获得良好经济效益的关键。因此，除善于经营外，还须认真搞好计划管理、生产管理和财务管理，同时生产与销售高质量、价格有竞争力的鸡产品，从市场获得应有的效益和声誉。

二、计划管理

（一）生态养鸡的科学规划

养鸡场场址选定以后，要根据该场地的地形、地势和当地主风向，对鸡场内的各类房舍、道路、排水、排污等地段的位置进行合理的分区规划。同时还要对各种鸡舍的位置、朝向、间距等进行科学、合理的布局。养鸡场各种房舍和设施的分区规划，要从人、禽健康的角度出发，建立最佳生产联系和卫生防疫条件，来合理安排各区的位置。分区规划要有利于防疫、安全生产、工作方便。

（二）鸡场的功能分区

鸡场的分区规划应做到节约用地，全面考虑鸡粪便的处理和利用，应因地制宜，合理利用地形地物，充分考虑今后的发展。一个完整、具有一定规模的养鸡场，一般分为生活区、生产区和隔离区。生活区应位于全场的上风向和地势较高的地段，依次为生产区和隔离区。小型鸡场各区划分与大型鸡场基本一致，只是在布局时，一般将饲养员宿舍、仓库放在最外侧的一端，将鸡舍放在最里端，以免外来人员随便出入，也便于饲料、产品的运输和装卸。

1.生活区

人员生活和办公的生活区应位于场区的上风向和地势较高的地段（地势和风向不一致时.以风向为主），设在交通方便的地方。

生活区应处在对外联系方便的位置。大门前设车辆消毒池。场外的车辆只能在生活区活动，不能进入生产区。

2.生产区

生产区是鸡场的核心。包括各种鸡舍、蛋库、饲料库、消毒、更衣室、饲养员休息室、水泵房、机修室等。生产区应该处在生活区的下风向和地势较低处，为保证防疫的安全，鸡舍的布局应该根据主风向和地势，按照育雏鸡舍、成年鸡舍的顺序配置。把雏鸡舍放在防疫比较安全的上风向处和地势较高处，能使雏鸡得到较新鲜的空气，减少发病机会，也能避免由成鸡鸡舍排出的污浊空气造成疫病传播。

3.隔离区

病鸡的隔离治疗区，病死鸡高温、深埋、焚烧等的区域及设施设备，粪便污物的存放、处理区域等属于隔离区，应在场区的最下风向，地势最低的位置，并有防止健康鸡群进入的设施。与鸡舍保持300米以上的卫生间距。处理病死鸡的尸坑应该严密隔离。

三、生态鸡场的规划重点

不同的生态养殖模式，规划时需要因地制宜，合理规划。

鸡场的计划管理是通过编制和执行计划来实现的。计划有3类，即长期计划、年度计划和阶段计划，三者构成计划体系，相互联系和补充，各自发挥本身作用。

（一）长期计划

长期计划又称远景计划，从总体上规划鸡场若干年内的发展方向、生产规模、进展速度和指标变化等，以便对生产与建设进行长期、全面的安排，统筹成为一个整体，避免生产的盲目性，并为职工指出奋斗目标。

（二）年度计划

年度计划是鸡场每年编制的最基本的计划，根据新的一年里实际可能性制订的生产和财务计划，反映新的一年里鸡场生产的全面状况和要求。

1.生产计划

比如来年生产多少只肉鸡，应进多少鸡苗、多少饲料等。

2.基本建设计划

计划新的一年里进行基本建设的项目和规模，是扩大再生产的重要保证，其中包括基本建设投资和效果计划。比如扩大养殖林地规模、增加鸡棚等。

3.产品成本计划

拟定各种生产费用指标、各部门总成本、降低额与降低率指标等。此计划是加强低成本管理的一个重要环节。

（三）阶段计划

鸡场年度计划包括一定阶段的计划。一般按月编制，把每月的重点工作

（如进雏、转群等）预先安排组织、提前下达，尽量做到搞好突击性工作，同时使日常工作照样顺利进行。要求安排尽量全面、措施尽量明确具体。

四、财务管理

（一）财务管理的任务

鸡场的所有经营活动都要通过财务反映出来，因而，财务工作是鸡场经营成果的集中表现。搞好财务管理以不断提高鸡场的经营管理水平，从而取得较好的经济效益。

（二）成本核算

鸡场财务管理中成本核算是财务活动的基础和核心。只有了解产品的成本，才能计算出鸡场的盈亏和效益的高低。

①劳动工资计划。包括在职职工、合同工、临时工的人数和工资总额及其变化情况等。

②产品成本计划。拟定各种生产费用指标、各部门总成本、降低额与降低率指标等。此计划是加强低成本管理的一个重要环节。

第三章　猪的生态养殖

生态养殖是现代畜牧业的主要发展方向，是当今最高效的生产方式。生态养殖产业已经成为全球发展的趋势，它有利于专业化生产，有利于提高生产水平，降低生产成本。猪的生态养殖可以减少碳排放，减少环境污染，粪污杂质得到有效处理，改善生态环境。生态养殖技术的利用，既能保护生态环境，又能增加养殖收入，该养殖技术已经成为养殖业的潮流。

第一节　适合生态养殖的品种及选择

在养殖业方面，猪的养殖占到了很大规模，现在当今社会养殖的猪种都是由野猪进化而来的，到现在已经有上万年的历史。在社会经济不断增加，人民生活水平不断提高，已经迈步来到小康水平，我国消费大众对猪肉的需求量也随之增长，并且更加注重猪肉的质量问题。随着我国科学事业的强大，长期的培育繁殖，形成了一些具有独特优势和特性的猪种，当地品种猪也逐渐形成，满足我国社会生活的需求。

2011年，国家畜禽遗传资源委员会在中国农业出版社出版了一本关于畜禽遗传的专著，根据其书完整统计记载，在我国各地区当地猪品种已经有76种，品种多，范围广，为我国的科学研究提供了丰富资源，并且我国当地品种猪都有很多共同特性。例如，繁殖能力高、护仔性强、养殖成熟快、抗逆性强、环境适应力好、猪肉品质高等优势，但是也有腰腹粗大、生长速度慢、养殖周期长、瘦肉率低等不足。通常根据品种猪的生产地、外形特征和生产能力，按照我国各地区的地理位置和自然农业领域上的分布，以及各猪种之间的种族血缘，把我国各地区的品种猪区别划分为六大种类：华北型、华中型、江海型、华南型、西南型和高原型。

一、地方种猪品种

（一）华北型

华北型猪种主要生产于秦岭—淮河北部地方区域，还有东北、内蒙古、华北、西北地区，以及陕西、安徽、湖北等省份均有分布。在这些所有地方境内，冬天天气气候寒冷，干燥，粗放喂养，所以这些地区猪种体质强壮，抗寒性高，肉质口感好。在长期繁殖进化过程中，这些品种猪的毛色全为黑色、鬃毛粗密和皮厚紧实等特点完全适应了当地气候特性。主要猪种有东北民猪、黄淮海黑猪、汉江黑猪、沂蒙黑猪、八眉猪等。

1.东北民猪

黑龙江、吉林和辽宁是东北民猪的主要生产地，在河北部分地区也有分布，东北三省和华北部分地区根据当地生态气候已经进行大面积生态养殖。此种猪的特点：头部比较大，脸部直而长，耳朵厚实下垂，腰背窄小，身躯呈扁平状，尾巴短小，后臀倾斜，全身黑毛，在冬季鬃毛紧密，体质健壮。冬季低温气候里，抗寒适应能力很强，-28℃极寒气温下都不会产生打战行为，在-15℃低温条件仍然可以进行生育繁殖，哺乳猪仔。

此猪种成年公猪平均体重达到195千克，成年母猪体重达到151千克，猪身体躯干各部分早熟的过程按照骨骼—肌肉—皮肤—脂肪顺序依次发育成熟。东北民猪生殖能力强，性功能成熟早，通常母猪4月龄出现初情发育，母猪产生的卵泡直径达到901～1002微米，通常9月龄母猪排卵数大约为15枚，哺乳母猪护仔性很强。母猪初次生产下仔大约为10.8头，繁殖3胎生育猪仔约为11.8头，繁殖4胎以上生育猪仔约为13.4头，母猪乳头数7～8对。东北民猪在育肥过程中，每日增重大约459克，肉猪宰杀率达到72.6%，当猪的体重达到91千克时，猪身脂肪含量增加，猪肉口感肥腻，瘦肉率降低。

东北民猪是我国东北地区当地的一个历史悠久的抗寒能力强的猪种，具有的优势特性可以和其他猪种进行杂交培育繁殖，获得更好的优势品种后代。吉林黑猪、哈白猪和三江白猪等都是东北民猪和其他猪种杂交繁殖的。

2.八眉猪

在我国西北地区是八眉猪的生产地，包括甘肃、新疆、陕西、青海等各大省份。头部粗大，耳朵大且下垂，由于额头部位有“八”字皱纹，故称作“八眉”，根据体型特征和繁殖特性可以分为大八眉、二八眉和小伙猪3种，二八眉是大八眉和小伙猪中间的中等型体型。八眉猪全身毛色为黑色，育肥速度时间长。大八眉成年公猪平均体重104千克，母猪体重80千克；二八眉公猪体重约89千克，母猪体重约61千克；小伙猪公猪体重约81千克，母猪体重约56千克。公猪10月龄体重40千克配种，母猪8月龄体重45千克配种。产仔数头胎约6.4头，3胎以上约12头。育肥期日增重约458克，瘦肉率约43.2%，肌肉呈大理石纹，肉嫩，味香。

（二）华中型

1.金华猪

金华猪主要生产地在浙江东阳市和金华县。此猪种体型中等偏小，耳中等大。下垂不超过嘴，颈粗短，背微凹，腹大微下垂，臀部倾斜，四肢细短，蹄坚实呈玉色，皮薄、毛疏、骨细。猪身上毛色中间白两头黑，即头颈和臀尾为黑皮黑毛，体躯中间为白皮白毛，在黑白交界处有黑皮白毛的“晕带”，因此又称“两头乌”猪。金华猪按头型可分为寿字头型、老鼠头型和中间头型3种，现称大、中、小型。寿字头型体形稍大，额部皱纹较多而深，结构稍粗。老鼠头型个体较小，嘴筒窄长，额部较平滑，结构细致。中间型则介于两者之间，体形适中，头长短适中，额部有少量浅的皱纹，金华猪已经成为生态养殖里最受欢迎的猪种。

成年公猪体重约112千克，母猪体重约97千克。公、母猪一般5月龄左右配种，金华猪繁殖力高，一般产仔14头左右，母性好，护仔性强，但仔猪出生体重较小；在一般饲养条件下，肥育猪8～9月龄体重63～76千克，育肥期日增重约460克，屠宰率约71.7%，眼肌面积约19平方厘米，腿臀比例约30.9%，瘦肉率约43.4%。

肥育猪在育肥后期生长较慢，饲料转化率较低。金华猪性成熟早，繁殖力高，早熟易肥，屠宰率高，皮薄骨细，肉质细嫩，皮下脂肪较少，肥瘦比例恰当，瘦中夹肥，五花明显，但后腿欠丰满。著名的金华火腿就是由金华猪的大腿加工而成。

2.清平猪

主产地湖北省当阳市。体型中等，体质细致健壮，额窄、较清秀，有细浅而清晰的纵向皱纹，显著特点是妊娠期短，平均为111.5天。初产母猪窝均产仔数9.9头、3胎以上产仔约12头。育肥期平均日增重512克，屠宰率约72%，胴体瘦肉率约为42.5%。

（三）江海型

1.太湖猪

太湖猪主产于长江下游江苏省、浙江省和上海市交界的太湖流域。以高繁殖力著称，是目前已知猪品种中产仔数最多的一个品种，泌乳力高，成熟早，肉质好，性情温驯，易于管理。繁殖力高，初产母猪平均窝产仔数12头、经产母猪产仔14头以上，排卵数25～29枚，乳头一般为8～9对，60天泌乳量约311.5千克，日增重为430克以上，屠宰率为65%～70%，胴体瘦肉率为40%～45%。

太湖猪分布范围广，数量多，品种内类群结构丰富，有广泛的遗传基础。肉色鲜红，肌肉内脂肪较多，肉质好。但肥育时生长速度慢，胴体中皮的比例高，瘦肉率偏低。今后应加强本品种选育，适当提高瘦肉率，进一步探索更好的杂交组合，在商品瘦肉型猪生产中发挥更大的作用。

2.姜曲海猪

主产于江苏省海安、泰县。被毛黑色，皮薄毛稀，头短，耳中等大小，下垂，体短腿矮，腹大下垂，部分猪在鼻吻处有白斑，称“花鼻子”。成年母猪体重约141.4千克，公猪体重约156.4千克。头胎产仔约10头，2胎产仔约12.1头，3胎以上产仔约13.5头。育肥猪平均日增重456克，屠宰率约70.37%。肉质鲜美，胴体瘦肉率约42.27%。眼肌面积约22.3平方厘米。

（四）华南型

1.香猪

主产于贵州省从江县的宰便、加鸠两区与广西壮族自治区环江县的明伦、东兴一带，形成有数百年的历史。香猪是国内著名的小型猪，体躯矮小，头较直。耳小而薄、略向两侧平伸或稍下垂，背腰宽而微凹，腹大丰圆触地，后躯较丰满，四肢短细，后肢多卧系，乳头有5～6对，被毛多全黑也有“六白”。

香猪早熟易肥，皮薄骨细，肉质鲜嫩，哺乳仔猪与断乳仔猪肉味香，无奶腥味和其他异味，加工成烤猪、腊肉，别具风味与特色。香猪是我国向微型猪方向发展，用做乳猪生产等很有前途的猪种与宝贵基因库。

2.巴马香猪

原产地贵州省、广西山区，经过长期近亲交配繁育而成。属微型猪种，体躯短而矮小，被毛全黑，个别唇、肢端白色。颈部短而细，头长额平，额部皱纹，耳较小。其肉质细嫩，味带醇香，汤清甜，无膻无腥。母猪乳头5～6对。4～6月龄即可发情配种，母猪初产仔数4～6头，经产母猪产仔6～8头。

（五）西南型

1.荣昌猪

主产地重庆市荣昌县和四川省隆昌县，随后合江、泸州、大足、江津等地也开始规模化养殖。体型较大，头大小适中，面微凹，腹大而深，臀部稍倾斜，四肢细致、坚实。乳头有6～7对，身体毛色只有眼睛周围有黑色，剩下毛色全部为白色，也有少数在尾根及体躯出现黑斑或全白的。初产母猪产仔数为8.56头，经产母猪产仔数为11.7头。荣昌猪的鬃毛，以洁白光泽、刚韧质优载誉国内外。

2.成华猪

主产地于四川省成都平原中部，体型中等偏小，头方正，额长皱纹少而浅。耳小、下垂，有金钱耳之称，背腰宽而稍凹，腹较圆而略下垂，臂部丰满，四肢较短，被毛黑色。成年公猪体重约149千克，母猪体重约129千克。性成熟较早，公猪3～4月龄即可配种，母猪6～8月龄初配。成年母猪平均排卵15～21枚，经产母猪窝产仔10～11头。育肥期日增重约535克，屠宰率为70%左右，瘦肉率为41%～46%。

（六）高原型

藏猪主产于四川省阿坝、甘孜等地。体小，嘴筒长、直呈锥形，额面窄，四肢紧凑结实，鬃毛长而密，每头可产鬃毛93～250克，被毛黑色居多，部分初生仔猪有棕黄色纵行条纹。终年放牧生长缓慢，成年母猪体重约41千克，公猪体重约36千克，头胎产仔4～5头，3胎以上产仔6～7头，乳头有5～6对。育肥期日增重约172克，48千克左右屠宰率约66.5%，背膘厚约2厘米，眼肌面积约16.8平方厘米，瘦肉率约52.6%。此猪种在高原地区宜养殖，可以在草场放牧饲养。

二、品种的选择

我国幅员辽阔，拥有世界上最丰富的地方猪资源，且各具特色，其中太湖猪以产仔数多著称于世；金华猪火腿皮薄肉嫩、风味鲜美而享誉中外；海南宁高猪制作烤乳猪行销东南亚；云南版纳微型猪、海南五指山猪和贵州香猪是理想的实验动物；福州黑猪的肉质和耐粗性能十分优异等。如果确定养殖计划进行生态养殖时，要根据地理位置，气候条件等因素，选取适合当地生态养殖的品种，增加养殖经济收入。

（一）高繁殖性状的代表品种

梅山猪、清平猪等。

（二）优良肉质性状的代表品种

金华猪、香猪等。

（三）高抗逆性的代表品种

藏猪、东北民猪等。

（四）小型猪代表品种

五指山猪、巴马香猪等。

第二节　猪的营养需求与饲料

一、猪不同生长阶段的营养需求

（一）断奶猪仔的营养需求量

断奶仔猪的营养素需要量。虽然断奶仔猪的营养素需要量很重要，但由于消化器官还未成熟，所以饲料的营养素利用率也非常重要。在消化酶的分泌中，可以分解乳糖的乳糖酶的活性是逐渐减少的，在此过程中，可以供给一定量的乳糖成分，进而刺激乳糖酶的分泌。特别是在断奶之后，因饲料摄取量减少，会出现腹泻或生长停滞等现象。以前为了加快生长速度，添加了高含量的蛋白质，但现在是为了预防腹泻，所以应添加低蛋白饲料。

1.能量需求

因受到断奶的应激，仔猪饲料采食量和日增重有所下降。仔猪断奶之前是通过母乳的乳糖或脂肪获取能量，但是断奶后要从固体饲料中的淀粉或其他碳水化合物中获取能量。20千克以下仔猪因消化器官未发育完全，所以采食量会较少。对于仔猪来说，会因为消化器官不发达而无法满足饲料采食量的要求。为提高饲料利用效率，提高饲料采食量，获得最佳营养素利用率，在配制饲料时要考虑饲料的适口性和消化率，使用能量含量高的原料。在选择蛋白质和能量的来源时，要考虑影响饲料采食量的因素。

仔猪的日增重随着日龄的增加而增加。仔猪的维持能量（ME）需要量为每千克代谢体重468.61千焦，用于代谢过程、身体活动、体温调节等方面。断奶仔猪所需要的能量数值，以NRC饲养标准为基准，与育成、育肥猪一样，饲料是以ME 13.66兆焦/千克配合设定的，但是因饲料采食量的原因，能量摄取量有一定差异。对5～10千克的断奶仔猪来说，每天采食饲料500克，能量（ME）需要量是6.78兆焦/天左右；对10～20千克的仔猪来说，每天采食饲料1000克，能量（ME）需要量是13.66兆焦/天左右。

2.蛋白质和氨基酸需求。

断奶对仔猪的影响是环境发生了很大变化，断奶后要减少仔猪与病原菌的接触，避免蛋白质的缺乏。蛋白质容易消化，适口性也好，对于仔猪生长尤为重要，所以适当地诱导仔猪采食蛋白质饲料很重要。由于乳糖分解酶的活性高，所以与豆粕提供的蛋白质相比，牛奶蛋白质或乳制品的蛋白质供给对仔猪生长和饲料利用率更有利。

断奶仔猪的氨基酸和蛋白质需要量，在过去15年里一直在增加，从NRC饲养标准来看（图3-1），体重在3～20千克时的需要量可用以下公式计算：

总赖氨酸（%）$=1.793-0.0873\times BW+0.00429\times BW^2-0.00008\times BW^3$

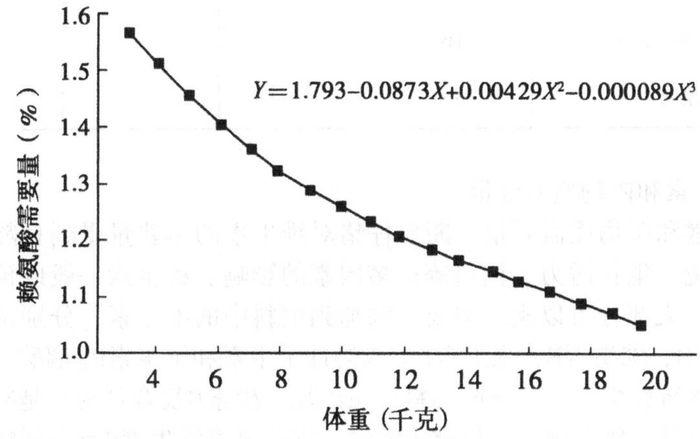

图3-1　3～20千克仔猪的赖氨基酸需要量

利用公式得出的仔猪对蛋白质的需要量：体重5千克的仔猪为1.45%，10千克的仔猪为1.25%，15千克的仔猪为1.15%，20千克的仔猪为1.05%。积累蛋白质的赖氨酸需要量是总需要量减去维持需要而得出的。在氨基酸需要量的计算公式中，不考虑影响断奶仔猪需要量的胴体生长遗传性潜在力、健康状况以及性别等因素，而通过一般用的生长模板求得的氨基酸需要量是以20千克猪的肌肉生长率为准的，而未考虑初生期的仔猪，所以从仔猪后期过渡到育成阶段（19.9～20千克）会有氨基酸需要量的差异。

断奶仔猪时期的生长是靠摄取能量维持的，所以要考虑饲料中氨基酸和能量的比例。在消化能的摄取量中，要考虑到环境温度和饲养密度的影响。很多研究表明，断奶仔猪的可消化赖氨酸和代谢能的比例为4.1～4.2。但是因没有考虑到断奶后饲料内脂肪利用率的下降，所以评价有些偏低。断奶后体重高或日龄小的猪，赖氨酸和能量比例会减少，22千克猪的比例在3.3左右（表3-1），这种断奶仔猪对应激很敏感，饲料采食量少，所以要供给能够满足营养素需要量的饲料。

表3-1　3～20千克仔猪的赖氨基酸需求量

项目	体重范围（单位：千克）			
	3～5	5～7	7～11	11～22
可消化赖氨酸：能量比率	4.2	4.1	3.5	3.3
总赖氨酸（%）	1.65	1.55	1.35	1.30
蛋氨酸（%）	27.5			
色氨酸（%）	16			
苏氨酸（%）	62			

3.维生素和矿物质需要量

维生素和矿物质需要量。断奶仔猪对维生素的需要量受到日龄、健康状况、环境、生长潜力、饲料等很多因素的影响。维生素一般以预混料的形式添加，大部分可以满足需要。添加到饲料中的维生素，分别是维生素A、维生素D、维生素E、维生素K等脂溶性维生素和维生素B_{12}烟酸、泛酸、核黄素等水溶性维生素。一般饲料公司添加维生素B复合剂的量是NRC饲养标准的3～4倍，体重越大、越健康的猪，它所要求维生素B复合剂的量就会越多。

断奶仔猪对矿物质的需要量分为钙、磷、钠、氯等常量矿物质元素，以及铜、碘、铁、镁、锌等微量矿物质元素。常量矿物质元素在乳制品或蛋白质原料中含量丰富，添加范围也广。补钙是从断奶到体重20千克为止，需要量从0.80%减少到0.75%，有效磷需要量为0.32%～0.40%。添加钠和氯可以改善生长效果。作为微量矿物质元素的铜和锌，可促进猪的生长，铜的要求为6～10毫克/千克，锌为80～100毫克/千克（表3-2）。添加100～250毫克/千克的铜，有促进生长的效果。锌添加量不超过2500毫克/千克，可防止腹泻并可促进生长。但是添加过多的锌，排出量也会增多，造成环境污染。矿物质可分为无机态和有机态，无机态矿物质吸收率高，而有机矿物质的利用率高。

表3-2　断奶仔猪每千克饲料矿物质和维生素需求量

项目	体重（千克）	
	5～10	10～20
矿物质名称	需求量	
钙（%）	0.80	0.70
有效磷（%）	0.40	0.32
钠（%）	0.20	0.15
锌（%）	100.00	80.00
锰（%）	4.00	3.00
铁（%）	100.00	80.00
铜（%）	6.00	5.00
碘（%）	0.14	0.14
硒（%）	0.30	0.25
维生素名称	需求量	
维生素A（国际单位）	2200	1750
维生素（国际单位）	220	200

续表

项目	体重（千克）	
	5～10	10～20
维生素名称	需求量	
维生素E（国际单位）	16.00	11.00
维生素K（毫克）	0.50	0.50
生物素（毫克）	0.05	0.05
胆碱（克）	0.50	0.40
叶酸（毫克）	0.30	0.30
烟酸（毫克）	15.00	12.50
泛酸（毫克）	10.00	9.00
核黄素（毫克）	3.50	3.00
硫氨酸（毫克）	1.00	1.00
维生素B_6（毫克）	1.50	1.50
维生素B_{12}（毫克）	17.50	15.00

（二）育成、育肥猪的营养需求量

育成、育肥猪的营养需要在为猪提供合适的营养、体重增加及改善肉质等方面都很重要。

利用饲料供给的营养可以满足动物的需求，剩余的营养在体内储存或跟不必要的营养一起被排出体外。育成、育肥猪营养需求由于生长阶段和环境条件的差异，表现出多样性。所以可通过对猪营养需求的了解，防止不必要的营养浪费。供给适当的营养，可对最佳的生长状态和肉质的改善有一定效果。

1.能量需要

育成、育肥猪的NRC营养需要分为20～50千克、50～80千克、80～120千克，饲料每1千克代谢能的需要量规定为13.66兆焦。一般育成、育肥猪积累1千克蛋白质需要代谢能44.35兆焦，1千克脂肪需要52.3兆焦。这是因为肌肉组织中蛋白质比例低于脂肪组织中脂肪比例，所以生成1千克时，相应组织的能量需要量较低。在猪育成、育肥期，饲料内能量和蛋白质的比例会使体组织产生变化。添加高水平的能量和蛋白质，可提高日增重和饲料利用率，但是由于过剩的能量会增加脂肪的沉积量。所以，在蛋白质的水平相同时，能量水平越低，屠宰率和净肉率会越高。

育成、育肥期能量水平会影响饲料采食量。因为猪的自发性饲料采食，可以满足能量的需要量，所以过多的能量会减少饲料采食量。在高能量饲料中蛋白质的水平越低，对最适合营养素的添加难度越大，所以要合理地调节能量和蛋白质的比例。为了查明育成猪适当的赖氨酸和能量的比例，提高饲料采食量和蛋白质的摄取量，人们仍在进行着很多研究。已知最佳的赖氨酸和消化能（DE）的比例为14.64毫克/千焦。因为猪的遗传能力、生长阶段、环境等因素对能量的需求有影响。

表3-3是不同体重育成、育肥猪对以玉米和豆粕为主的饲料的采食量，以及相对应的能量摄取量。饲料采食量因环境温度有一定的差异。环境温度低时饲料采食量会增加，温度高时会减少。所以，要考虑饲料采食量和相关饲料能量的含量，这样才能提高生长速度和蛋白质的蓄积。

表3-3　育成、育肥猪的日能量摄取量和饲料进食量

体重（千克）	代谢量（兆焦/天）	饲料进食量（千克/天）
20	16.44	1.19
30	23.93	1.73
50	29.39	2.12
70	35.96	2.60
90	40.46	2.93
110	44.14	3.19

2.蛋白质和氨基酸需要量

给猪制定出合理的氨基酸需要量，会得到很高的经济效益。对于最佳的生长和肌肉合成，要认真考虑蛋白质的供给。氨基酸的需要量受到很多因素的影响，包括饲料中蛋白质的水平、能量含量、环境温度和性别等。

大部分氨基酸的需要量是通过添加不同水平的氨基酸后，以效果最好的为准，NRC猪的营养需要（1998）也是这样制定出来的。但是这样的研究没能考虑到全部因素，所以要对不同水平试验分析其相关因素。氨基酸需要量是在考虑维持、生长等很多因素后才能确定的。

育成、育肥猪氨基酸需要量对产肉的体蛋白质积累和肌肉的合成非常重要，这跟遗传能力有很大的关系。为了得到最大的生长效率，对饲料中必需氨基酸的研究有很多。特别是对猪的第一限制性氨基酸——赖氨酸的研究。NRC猪的营养需要（1998）与以前的NRC（1988）相比，赖氨酸的需要量更高，因现代高产猪的遗传要求与改良方向为瘦肉型，所以对氨基酸的需要量会增大。

在猪饲料中玉米、豆粕等谷物类饲料氨基酸中的赖氨酸含量非常少，所以在猪饲料中赖氨酸是第一限制氨基酸，赖氨酸主要用于肌肉蛋白质合成。它在体内沉积率很高，所以如果摄取量增加，体内赖氨酸含量也会增加。

在NRC猪的营养需要（1998）中，给20～50千克育成猪要供给0.95%赖氨酸，50～80千克育肥猪前期供给0.75%，80～120千克育肥猪后期供给0.60%。对于蛋氨酸，20～50千克育成猪供给0.25%，50～80千克育肥猪前期供给0.20%，80～120千克育肥猪后期供给0.16%。随着生长阶段的变化，蛋氨酸可通过谷类原料满足猪的需求量。在以玉米、豆粕为主的饲料中色氨酸含量很少。NRC猪的营养需要中规定，给20～50千克育成猪供给0.17%色氨酸，50～80千克育肥猪前期供给0.14%，80～120千克的育肥猪后期供给0.11%。最近，为了提高氨基酸的利用率，对氨基酸平衡方面的研究很多。

3.维生素和矿物质需要量

维生素和矿物质对猪来说是必不可少的营养素。由于这两个营养素主要是以预混料的形式添加，所以可能会忽略其重要性。但维生素和矿物质或多或少都会对猪的生理机能和生长带来很大的影响。

维生素在调节代谢过程中起着重要作用。虽然维生素不能构成动物的体组织，与蛋白质、钙、磷、碳水化合物、脂肪等相比，含量也少。但是维生素对维持猪体内的正常机能起着重要作用。

矿物质在猪的结构成分中只占体重的5%，但其参与猪的生长和代谢、消化、骨骼组成等很多机能。矿物质添加过多会出现矿物质中毒，缺乏时会对骨骼有影响，所以要合理地添加矿物质。为了猪的生长和健康，添加矿物质是必需的，主要有钙、磷、钠、氯、钾、镁、锌、碘、锰、铁、铜、硒等。NRC猪的营养需要的矿物质和维生素需要量见表3-4。

表3-4 育成、育肥猪不同体重阶段的矿物质和维生素需求量

体重（千克）	20～50	50～80	80～120
矿物质名称	需求量		
钙（%）	0.06	0.50	0.45
有效磷（%）	0.23	0.19	0.15
钠（%）	0.10	0.10	0.10
铁（%）	60.00	50.00	40.00
锌（%）	60.00	50.00	40.00
铜（%）	4.00	3.50	3.00
锰（%）	2.00	2.00	2.00
碘（%）	0.14	0.14	0.14
硒（%）	0.15	0.15	0.15
维生素名称	需求量		
维生素A（国际单位）	1300.00	1300.00	1300.00
维生素D（国际单位）	150.00	150.00	150.00
维生素E（国际单位）	11.00	11.00	11.00
维生素K（毫克）	0.50	0.50	0.50
烟酸（毫克）	10.00	7.00	7.00
核黄素（毫克）	2.50	2.00	2.00
泛酸（毫克）	8.00	7.00	7.00
维生素B_{12}（毫克）	10.00	5.00	5.00
生物素（毫克）	0.05	0.05	0.05
硫氨酸（毫克）	1.00	1.00	1.00
叶酸（毫克）	0.30	0.30	0.30
维生素B_6（毫克）	1.00	1.00	1.00
胆碱（毫克）	0.30	0.30	0.30

（三）猪生态养殖营养需要

近几年，全国各地纷纷开展地方猪种的保护与开发利用，并且取得了很好的成绩。同时在开发中不约而同地都采用了生态养殖的发展模式。生态养殖成为地方猪种开发的主流趋势。

生态养殖突出的是“健康、环保、安全”，因此生态养殖营养需要除了基本需要之外，还要求饲料原料及加工的安全和节能减排需求。

通过营养调控，提高饲料转化率，减少氮、磷、铜、锌及重金属等的排放，降低对生态环境的污染是发展生态养猪的一条重要措施。主要的营养调控及节能减排技术有以下几点：①减少猪粪氮排泄量。最有效方法是在保证日粮氨基酸能满足其需要的前提下，降低日粮的粗蛋白质含量。大多数研究表明，按照理想蛋白质模式以可消化氨基酸为基础来配制符合猪营养需要的平衡日粮，可将传统日粮的粗蛋白质水平降低2～3个百分点，而不影响动物生产性能，可使单只猪的氮排出量减少16%或0.9千克。②通过向日粮中添加对环境无污染的代谢调节剂如酶制剂、酸制剂、活菌制剂（微生态制剂）、促生长剂等，提高日粮营养素利用率以减少粪尿排泄量。例如，日粮中添加植酸酶，能有效地提高氮，尤其是植酸磷的利用率，减少排出量的幅度为2%～50%；添加益生素可降低氮的排泄量2.9%～25%；添加微生态制剂可以提高饲料转化率，降低氮的排泄量等。③通过加工减少饲料中抗营养因子，提高饲料消化率。例如，饲料颗粒化过程中的高温可使其中的淀粉和蛋白质熟化，会改善蛋白质消化率，从而减少氮的排泄量等。

二、猪生态养殖标准

科学的饲养标准是合理利用饲料的依据，是保证生产、提高生产和经济效益的重要技术措施，在生产实践中具有重要作用。饲养标准的用处主要是作为核计日粮（配合日粮、检查日粮）及产品质量检验的依据。但由于试验畜禽的品种、供试饲料品质、试验环境条件等因素的制约，导致饲养标准存在着明显的时间滞后性、静态性、地区性和最佳生产性能而非最佳经济效益的不足，加之由于各国和各地的饲养环境、条件、动物的品种、生产水平的差异，决定着饲养标准也只能是相对合理。

（一）地方猪的营养需要和饲养标准

美国NRC、英国ARC猪的营养需要和饲养标准，是世界上影响最大的两个猪饲养标准，被很多国家和地区采用或借鉴。我国肉脂型猪饲养标准的制定，经历了3个阶段，1978年提出饲养标准草案，1979—1980年拟订试行标准，1980—1982年开展大规模试验研究工作，课题主攻重点是能量与蛋白质两项。综合1980年与1983年两次修订工作，经过几年努力，1982年制定了我国《南方猪的饲养标准》，1983年正式制定了我国《肉脂型猪的饲养标准》，1987年由国家标准局正式颁布了《瘦肉型生长育肥猪饲养标准》。2004年又颁布了《猪饲养标准》（NY/T 65—2004）代替NY/T 65—1987《瘦肉型猪饲养标准》。与1983年相比，在饲养阶段划分上由20～35千克、35～60千克、60～90千克修改为15～30千克、30～60千克、60～90千克；各阶段营养需要由1983年的以小型和大型猪区分改为以瘦肉率和饲养天数评价；日增重各阶段由1983年标准400克、440克、480克分别提高为450克、550克、650克；各阶段消化能由原来的12.55兆焦/千克、12.34兆焦/千克、12.13兆焦/千克改为各阶段均为12.25兆焦/千克；各阶段赖氨酸水平分别提高了0.18%、0.12%、0.08%；钙、磷水平在生长和育肥阶段有所下降。

我国地方猪一般都在向肉脂型方向发展，因此生长育肥猪可参照肉脂型猪的标准，也可分为3级，但能量浓度保持不变，而将蛋白质、钙、磷及氨基酸在每级标准基础上相应下降10%，其他矿物元素和维生素的需要保持不变。后备公、母猪的营养需要，能量、粗蛋白质、氨基酸的需要参照国家瘦肉型猪的营养标准。对于矿物质及维生素的需要，母猪可参照肉脂型猪的二级标准，公猪参照一级标准。

由山东农业大学杨在宾、杨维仁教授等结合莱芜黑猪优质猪肉生产需要，构建了生产优质猪肉的适宜氨基酸模型，结果表明，按照NRC 70%～80%总氨基酸水平可以使莱芜黑猪达到理想的增重，且肉的多汁性、嫩度和风味等指标也符合莱芜猪的基本肉质标准。另外，80%～90% NRC总氨基酸水平可以获得较好的饲料效率。

（二）生态猪的饲养标准

“优质、健康、安全”是生态猪养殖的主题，因此在生态猪饲养过程中。饲料的使用必须符合下列标准：①外购预混饲料及饲料添加剂产品必须来自有生产、经营许可证或审计登记证的单位，有产品批准文号；②饲料原料不得使用未经无害化处理的泔水、其他畜禽副产品和制药工业副产品；③饲料无发霉、变质、结块、异味、异臭；④药物饲料添加剂的使用应符合《药物饲料添加剂使用规范》，并严格执行休药期；⑤严禁在饲料中添加盐酸克仑特罗等违禁药物。

三、饲料种类

（一）蛋白质饲料

蛋白质饲料是指饲料干物质中粗蛋白质含量在20%以上、粗纤维含量在18%以下的饲料。一般来说，蛋白质饲料可分为两大类，一类是油籽经提取油脂后产生的饼（粕），另一类则是屠宰厂或鱼类制罐厂下脚料经油脂提取后产生的残留物。这类饲料的主要特点是粗蛋白质含量多且品质好，其赖氨酸、蛋氨酸、色氨酸等必需氨基酸的含量高，粗纤维含量少，易消化。如肉类、鱼类、乳品加工副产品、豆饼、花生饼、菜籽饼等。

（二）能量饲料

能量饲料主要成分是无氮浸出物，占干物质的70%～80%，粗纤维含量一般不超过4%～5%，脂肪和矿物质含量较少，氨基酸种类不齐全。如玉米、高粱、小麦和大麦、稻谷、麦麸、米糠、甘薯、马铃薯等。

（三）粗饲料

粗饲料指饲料的干物质中粗纤维含量在18%以上（含18%）的饲料。包括青干草、秸秆、秕壳等。粗饲料的一般特点是：含粗纤维多，质地粗硬，适口性差，不易消化，可利用的营养较少。不同类型粗饲料的质量差别较大。一般豆科粗饲料优于禾本科，嫩的优于老的，绿色的优于枯黄的，叶片多的优于叶片少的。秕壳类如小麦秸、玉米秸、稻草、花生壳、稻壳、高粱壳等，粗纤维含量高，质地粗硬，不仅难以消化，而且还影响猪对其他饲料的消化，在猪饲料中限制使用。青草、花生秧、大豆叶、甘薯藤、槐叶粉等，粗纤维含量低，一般在18%～30%，木质化程度低，蛋白质、矿物质和维生素含量高，营养全面，适口性好，较易消化，在猪的日粮中搭配具有良好效果。

（四）青饲料

青饲料是指天然水分含量在60%以上（含60%）的饲料，其来源最为广泛，种类繁多，包括野菜、人工栽培牧草、蔬菜、绿肥作物、树叶、浮萍、水草等。青饲料的特点是含水量高，适口性好，易消化，各种维生素含量丰富，尤其是3种限制性氨基酸接近猪的需要量，矿物质丰富，钙、磷比例恰当。据报道，猪经常饲喂青饲料，可以缓解某些饲料中的毒性，日粮中加大青饲料量，可提高母猪的繁殖力及产奶量。青饲料的利用多为青贮喂猪。幼嫩的牧草粗纤维含量为5%，随着牧草生长，植株逐渐变老，适口性变差，所以应掌握收割时期，以利产量高、粗纤维少。也可在生长旺季收割后加工成青贮饲料或晒制成青干草，以便冬、春季节缺乏青饲料时饲喂。青饲料以鲜喂质量最好，发霉、腐烂的青料不能喂猪，对喂生青料的猪应注意驱虫。

我国地域辽阔，耕地面积较大，野生饲料资源丰富，广大农村都有采集野生饲料养猪的习惯，也是解决青饲料来源的重要途径，也有些地方实行粮草套种和粮草轮作的人工种草养猪模式，套种的主要品种有红三叶、苜蓿等，轮作的有甘薯和一些豆类作物，也可利用荒地、林间、果园地种植。

（五）添加剂饲料

饲料添加剂指调制配合饲料时加入的各种少量或微量物质，如抗生素、生长促进剂、氨基酸等，添加量甚少，但作用极为显著。其目的是完善饲料营养全价性，提高饲料转化率；改善饲料适口性，提高采食量；保健防病，促进畜禽生长；改善饲料加工性能，减少饲料加工及贮藏中养分损失；合理利用饲料资源；改善畜产品品质，提高经济效益。

四、生态养殖饲料配置要点

生态饲料是指围绕解决畜产品公害和减轻畜禽粪便对环境的污染问题，从饲料原料的选购、配方设计、加工饲喂等过程，进行严格质量控制和实施动物营养系统调控，以改变、控制可能发生的畜产品公害和环境污染，使饲料达到低成本、高效益、低污染的效果的饲料。就现实情况而言，我们在实用日粮的配合中必须放弃常规的配合模式而尽可能降低日粮蛋白质和磷的用量以解决环境恶化问题；同时要添加商品氨基酸、酶制剂和微生物制剂，可通过营养、饲养办法来降低氮、磷和微量元素的排泄量；采用消化率高、营养平衡、排泄物少的饲料配方技术。

因此，生态饲料可以用公式表示为：

生态饲料＝饲料原料＋酶制剂＋微生态制剂＋饲料配方技术

通常情况下，设计生态养殖饲料配方时，需要同时具备完整的营养成分和营养价值等饲料原料数据和动物对各种营养素的需要量等数据条件。配方计算是以线性规划数学模型为工具，用原料数据、营养需要量数据和必要的限定条件建立线性规划方程组，在电子计算机上用配方优化程序进行运算，筛选出能够满足全部约束条件的最优解配方。与常规日粮不同，生态型日粮配方结果除了要给出价格及营养成分含量外，还应给出排泄氮、磷，产生温室气体和有毒物质残留量预测值，以指导将来的食品加工、饲养环境控制、废弃物处理、粪便自然消纳和有机肥加工等生态维护活动。

第三节　猪繁殖的新技术

一、杂交技术的使用

随着人民生活水平的不断提高和国内外对猪肉及其产品优质及安全的关注，养猪业必将由传统饲养向现代化、良种化、规模化和无公害方向发展。为适应这种产业发展趋势，必须分级建立曾祖代原种猪场、祖代纯种扩繁场、父母代杂交繁育场和商品代育肥场四级生产繁育体系。其中商品猪的生产一般是采用杂交利用途径，充分利用杂种优势，进一步提高商品猪的产肉性能。近20年来，许多畜牧业发达的国家90%的商品猪都是杂种猪。杂种优势的利用已经成为工厂化、规模化养猪的基本模式。

（一）杂交技术的概念及其优势

猪的杂交是指来自不同品种、品系或类群之间公母猪相互交配。在杂交中用做公猪的品种叫父本，用做母猪的品种叫母本，杂交生育的后代称杂种。杂交技术繁殖的后代，用父本和母本的猪种名称来给杂种猪命名。例如，公猪用大约克夏猪、母猪用杜洛克猪繁殖的母猪称作“长大”母猪。

杂交的优势是不同品种或品系间的公母猪杂交所生的杂种往往在生活力、生长势和生产性能等方面，表现出一定程度的优于其亲本纯繁群体的现象。

（二）杂交方式的种类

1.二元杂交

二元杂交又称单交，是指两个品种或品系间的公母猪交配，利用杂种一代进行商品猪生产（图3–2）。

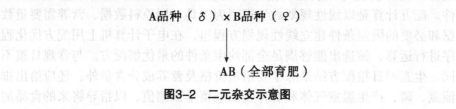

A品种（♂）×B品种（♀）

↓

AB（全部育肥）

图3–2　二元杂交示意图

这是最为简单的一种杂交方式，且收效迅速。一般父本和母本来自不同的具有遗传互补性的两个纯种群体，因此杂种优势明显，但由于父母本是纯种，因而不能充分利用父本和母本的杂种优势。此外，二元杂交仅利用了生长肥育性能的杂种优势，而杂种一代被直接育肥，没有利用繁殖性能的杂种优势。采用二元杂交生产商品猪一般选择当地饲养量大、适应性强的地方品种或培育品种作母本，选择外来品种如杜洛克猪、汉普夏猪、大白猪、长白猪等作父本。

2.三元杂交

三元杂交又称三品种杂交，它是由3个品种（系）参加的杂交，生产上多采用两品种杂交的杂种一代母猪作母本，再与第三品种的公猪交配，后代全部作商品猪育肥（图3–3）。

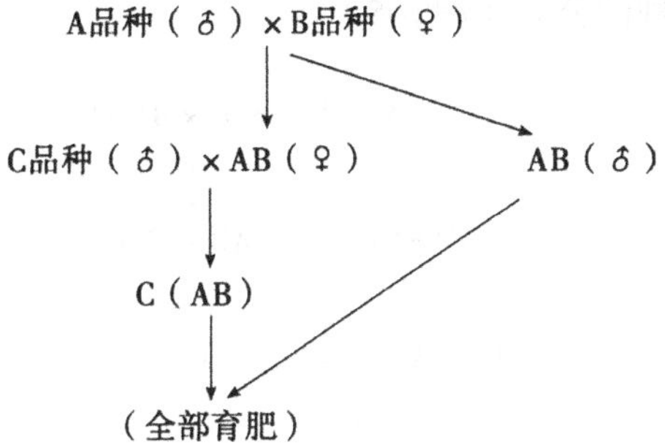

图3–3　三元杂交示意图

三元杂交在现代养猪业中具有重要意义，这种杂交方式，母本是两品种杂种，可以充分利用杂种母猪生活力强、繁殖力高、易饲养的优点。此外三元杂交遗传基础比较广泛，可以利用3个品种（系）的基因互补效应，因此，二三元杂交已经被世界各国广泛采用。缺点是需要饲养3个纯种（系），进行两次配合力测定。

3.四元杂交

四元杂交又称双杂交或配套系杂交，采用四个品种（系），先分别进行两两杂交，在后代中分别选出优良杂种父本、母本，再杂交获得四元杂种的商品育肥猪（图3–4）。由于父、母本都是杂种，所以双杂交能充分利用个体、母本和父本杂种优势，且能充分利用性状互补效应，四元杂交比三元杂交能使商品代猪有更丰富的遗传基础，同时还有发现和培育出“新品系”的可能。此外，大量采用杂种繁育，可少养纯种，降低饲养成本。20世纪80年代以来，由于四元杂交日益显示出其优越性而被广泛利用，但四元杂交也存在饲养品种多、组织工作相对复杂的缺点。

A品种（♂）×B品种（♀）　　C品种（♂）×D品种（♀）

↓　　　　　　　　　　　↓

AB（♂）　　×　　CD（♀）

↓

ABCD（全部育肥）

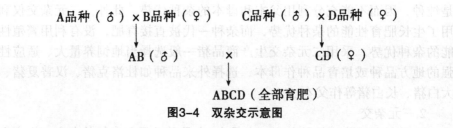

图3-4　双杂交示意图

4.轮回杂交

轮回杂交最常用的有两品种轮回杂交和三品种轮交。这种杂交方式是利用杂交过程中的部分杂种母猪作种用，参加下一次杂交，每一代轮换使用组成亲本的各品种的公猪（图3-5）。

A品种（♂）×B品种（♀）

↓

B品种（♂）×AB（♀）

↓

A品种（♂）×AB（♀）

↓

B品种（♂）×AB（♀）

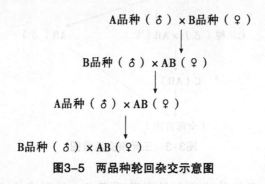

图3-5　两品种轮回杂交示意图

采用这种方式的优点是可以不从其他猪群引进纯种母本，又可以减少疫病传染的风险，也能充分利用杂种母猪的母体杂种优势，同时减少公猪的用量。缺点是不能利用父本的杂种优势和不能充分利用个体杂种优势；遗传基础不广泛，互补效应有限。另外，为避免各代杂种在生产性能上出现忽高忽低的现象，参与轮回杂交的品种要求在生产性能上相似或接近。

二、人工授精技术的使用

猪的人工授精是用人工的方法，借助于器械的帮助，取得公猪的精液，并经过适当的处理后，再用输精器将精液输入发情的母猪子宫内，使其受胎的技术。人工授精一般包括采精、验精、稀释、保存、运精及输精等操作过程。

人工授精的优点：①提高优良公猪的利用率，减少公猪的饲养头数。②克服公、母猪体格大小悬殊时进行交配的困难。③由于精液可以保存和运输，可使母猪配种不受地区限制，有效地解决公猪不足的地区母猪配种问题。④有利于杂交改良工作的进行，实现良种化。在大型猪场可将优秀公猪的遗传潜能发挥到最大，可以通过充分利用高性能的公猪，全面提升猪场的生产性能水平，有效地提高经济效益。⑤提高母猪的受胎率，增加产仔数和窝重。⑥避免在自然交配中公、母猪的接触而相互感染。

第四节　仔猪的饲养管理

仔猪是养猪生产的基础，是提高猪群质量，降低生产成本的关键。在猪的一生中，仔猪阶段是生长最快、发育最强烈、饲料转化率最高、生产成本最低且开发潜力最大的时期。仔猪饲养管理的目标是使每一头仔猪都吃上初乳，设法提高仔猪成活率。仔猪生产的关键是过好三关，即初生关、补料关和断奶关。

一、仔猪初生

（一）接产

死胎通常都是在分娩的过程中形成的。母猪分娩时必须有饲养员在旁照顾，协助母猪生产，避免难产或分娩时间过长而造成死胎的发生。

仔猪出产道后，接生人员应一手托住仔猪，一手将脐带缓缓拉出，立即清除仔猪口鼻中的黏液，然后用稻草或抹布等擦干仔猪全身后放入保温箱。

（二）断脐

在仔猪产下5分钟后断脐，断脐不当会使初生仔猪流血过多，影响仔猪的活力和以后的生长。正确的方法是在距脐根3～5厘米宽处，用手指将其中的血液向仔猪腹部挤抹，并按捏断脐处，然后剪断或捏扯断，并立即用3%碘酊对脐带及周围进行消毒。对脐带流血不止的，可在脐带基部用手紧捏2～3分钟或用棉线结扎止血，24小时后再将线绳解开。断脐后应防止仔猪相互吮舐，防止感染发炎。仔猪出生后1小时内应吃到初乳，要协助初生仔猪吮吸初乳，必要时人工辅助固定乳头。

（三）超前免疫

对于需要做超前免疫的猪场，应在仔猪出生后吃初乳前半小时左右注射疫苗，而后再哺乳。

（四）剪齿、断尾和编号

仔猪上、下腭两边有8个尖锐的犬齿，应用消毒后的牙剪将每边2个犬齿剪短1/2，但要小心，不要伤害到齿龈部位，也不能剪得太短。断尾则不能用非常锐利的工具，以免流血过多。断脐、剪齿、断尾必须在出生后24小时内完成。编剪耳号则可在出生后3天内进行。编剪的耳号应易于辨认。

（五）仔猪护理

对于出生弱小的仔猪更要加强护理，同窝仔猪一般情况下先出生的仔猪体重较大，以后出生的仔猪体重渐小，而仔猪的存活率随出生体重的增加而提高，仔猪初生体重低于0.9千克时，一般情况下60%的难以存活，对这些体重低于0.9千克的仔猪给予特殊护理是提高育成活率的关键，对出生弱小、全身震颤的仔猪，在第一天每头腹腔注射10毫升10%葡萄糖注射液加5万单位的链霉素，可增强仔猪体质，同时预防黄白痢。对于初生仔猪的护理主要是保暖防寒，减少应激，哺喂初乳。

二、开食补料

哺乳仔猪生长发育很快，2周龄以后母乳就不能满足仔猪日益增长的营养需要，若不能及时补饲，弥补母乳营养的不，就会影响仔猪的正常生长，提早补料还可以锻炼仔猪的消化器官及其功能，促进胃肠发育，防止腹泻，缩短过渡到成年猪饲料的适应期，为安全断奶奠定基础。

仔猪开食的时间应在母猪乳汁变化和乳量下降的前3～5日开始。母猪的泌乳量在分娩后21天左右达到高峰而后逐渐下降，而3～4周龄时仔猪生长很快，此时仔猪补饲不仅可以提高仔猪存活率、断奶重、增强健康和整齐度，还为以后的育肥打下了良好的基础。

仔猪补料可以获得很高的饲料报酬，对于5周龄的仔猪饲料报酬可以达到0.9以下，仔猪补料一定要少喂勤添，仔猪吃料具有料少则抢，料多而厌的特性。早、晚也应注意合理补饲，既要保证仔猪充分的自由采食，而又要求槽中无余料。

三、断奶

仔猪在28日龄左右断奶时，应以仔猪吃料进入旺食期为条件，减少应激和控制腹泻。对于4周龄断奶的仔猪最佳温度为23℃，猪舍温度应为12～20℃，搞好防寒保暖，为仔猪提供一个温暖干燥卫生的环境，可保证仔猪的健康生长；良好的早期生长，是对猪一生的投资。断奶后1周内日增重能达到120克以上，可有效地提早育肥出栏的时间。断奶后的负增重会消耗仔猪为数不多的脂肪，仔猪生长发育受阻所造成的时间损失是不能补回来的，将会推迟育肥猪的出栏时间。同时，生长越快，维持需要就越少，经济回报就越高。

第五节　母猪的饲养管理

一、后备母猪的饲养管理

规范地进行后备母猪的饲养管理，确保3～3.5分钟的合理膘情，使之正常发情、正常排卵，确保健康、合格的后备母猪顺利转入基础群。

（一）合理饲养后备母猪

1.后备母猪营养需要

配合饲料应含消化能13兆焦/千克，粗蛋白质16%，赖氨酸0.8%，钙0.75%，磷0.65%。

2.限饲优饲

日喂料两次。母猪6月龄以前自由采食，7月龄适当限饲，配种使用前一个月或半个月优饲。限饲时喂料量控制在2千克以下，优饲时2.5千克以上或自由采食。

3.饲料调控

后备母猪每天每头喂2.0～2.5千克，根据不同体况、配种计划增减喂料量。后备母猪从第一个发情期开始，要安排喂催情料，比规定料量多1/3，配种后料量减到1.8～2.2千克。

（二）科学管理后备母猪

1.确定配种日龄

后备母猪在7月龄转入配种舍。后备母猪的初配月龄须达到8月龄，体重要达到120千克以上。

2.刺激母猪发情

进入配种区的后备母猪每天放到运动场1～2小时，并用公猪试情检查。以下方法可以刺激母猪发情：调圈、和不同的公猪接触；尽量靠近发情的母猪处；进行适当的运动；限饲与优饲；应用激素。

3.疫病防控

按进猪日龄，分批次做好免疫计划、限饲优饲计划、驱虫计划并予以实施。后备母猪配种前驱体内外寄生虫一次，进行流行性乙型脑炎、细小病毒病、猪瘟、口蹄疫等疫苗的注射。对患有气喘病、胃肠炎、肢蹄病等病的后备母猪，应隔离单独饲养在一栏内；此栏应位于猪舍的最后。观察治疗两个疗程仍未见好转的，应及时淘汰。

二、妊娠母猪的饲养管理

养好妊娠母猪的目的是保证胎儿的正常发育，防止流产和死胎，确保母猪多产，仔猪健康、初生重大、均匀一致，并使母猪保持中上等体况，为哺育仔猪做准备。

（一）妊娠母猪的饲养

1.妊娠母猪预产期的推算

母猪配种时要详细记录配种日期和与配公猪的品种及耳号。一旦认定母猪妊娠就要推算出预产期，便于饲养管理，做好接产准备。

2.妊娠母猪的合理饲喂

母猪妊娠后新陈代谢机能旺盛，对饲料的利用率提高，蛋白质的合成增强。妊娠母猪饲养成功的关键，是在妊娠期给予一个精确的配合日粮，以保证胎儿良好的生长发育，最大限度地减少胚胎死亡，并使母猪产后有良好的体况和泌乳性能。

妊娠母猪限制饲养具有下列好处：①增加胚胎的存活率；②防止仔猪体重过大，减少母猪难产；③防止母猪过肥；④减少母猪哺乳期间的体况消耗；⑤减少饲养成本；⑥降低乳房炎的发生率；⑦增加母猪使用年限。

（二）妊娠母猪的管理

提供良好的环境条件，保持猪舍的清洁卫生，注意防寒防暑，有良好的通风换气设备；保证饲料质量，不饲喂妊娠母猪发霉变质和有毒的饲料，供给清洁饮水；每天都要观察母猪吃食、饮水、排便和精神状态，做到防病治病，定期驱虫。

第六节　公猪的饲养管理

一、合理饲养种公猪

在所有家畜中，公猪的交配时间最长、射精量最多。公猪每次交配的时间平均为10分钟左右，也有达到15分钟以上的，这需要消耗较多的体力。公猪一次的射精量通常能达到150～500毫升。蛋白质是构成精液的重要成分。在公猪的日粮中如能供给规定数量的蛋白质（根据猪种不同，粗蛋白质为12%～17%），对增加精液数量、提高精液质量以及延长精子寿命来说，都有很大作用。因此，在公猪的日粮中一般应含有不低于12%的粗蛋白质。钙、磷对公猪精液的品质也有很大的影响，缺乏时会造成精子畸形和死亡。在公猪日粮中应含有0.6%～0.75%的钙，0.5%～0.6%的磷，而钙和磷的正常比例，一般保持在2：1.5最好。此外，应含有0.35%～0.4%的食盐。维生素A、维生素C、维生素E也是公猪不可缺少的营养物质。当日粮中缺乏维生素A时，公猪的睾丸会发生肿胀或萎缩，不能产生精子；缺乏维生素C、维生素E时，则会引起精液的品质下降，但在添加青饲料的日粮中，常不会感到缺乏。

饲养公猪，必须要按公猪的体重、年龄和配种频度，喂给不同营养水平的饲料，绝对不能等同对待。如中国猪的饲养标准中规定：非配种期公猪日粮日采食量为2千克，而配种期公猪日粮日采食量则为2.5千克。

实践证明，喂公猪的饲料体积应小些，精料的喂给量应比其他猪稍多些。饲料容积过大，或采用稀喂法，往往造成腹大下垂，影响配种。

根据全年内配种任务的集中和分散，公猪有两种饲养方式。

一贯加强的饲养方式：猪场实行流水式的生产工艺，母猪实行全年分娩时，公猪就需负担常年的配种任务。因此，全年都要均衡地保持公猪配种所需的营养水平。

配种季节加强的饲养方式：母猪实行季节性分娩时，在配种季节前一个月，对公猪逐渐增加营养水平，在配种季节保持较高的营养水平。配种季节过后，逐步减低营养水平，但仍然需供给维持公猪种用体况的营养需要。

二、科学管理种公猪

公猪的管理工作中，最重要的是运动。公猪运动的作用是：加强血液循环，增强体质和健康，防止肥胖和虚弱；提高新陈代谢水平，促进食欲；促进各器官发育与机能；对公猪性欲及精液质量有重要的影响。除大风大雨及中午炎热外，每天都要运动，每日驱赶两次，每次1.5～2千米。驱赶公猪运动时，每次一头猪，以免打架；如采取群牧，要从幼年时训练合群运动。

公猪一般单圈关养，合圈关养应从小训练。猪舍围墙要高而坚固。猪体每天用刷子刷拭一次，夏天应经常洗澡，以减少皮肤病和体外寄生虫病，还能使猪体舒适，肌肉放松，促进新陈代谢，增进食欲。要经常修整公猪的蹄子，以免在交配时刺伤母猪。公猪应定期称重，然后根据体重变化情况，检查饲料是否适当，以便及时逐月增加或减少饲料量。成年公猪体重应无太大变化，但需经常保持中上等膘情。此外，还应经常检查精液品质，着重检查精子的数量和活力，从中发现问题，分析原因，以便及时采取措施。精子活力评定用十级制，以一个视野的直线前进运动的精子数目计算，100%为1.0级，90%为0.9级，依此类推。密度分密、中、稀、无四级。公猪精液密度中等以上，活力0.6级以上才能用于输精。

第七节 猪舍的环境控制

现代集约化养殖对养殖环境调控的要求越发严格。健康良好的养殖环境不仅能为畜禽提供一个适宜生长的环境，还能有效降低畜禽疫病的发生，减少药物使用，同时还能促进畜禽生产性能发挥、保障畜产品质量安全和保护生态环境。随着养殖集约化程度的提高，传统依靠自然或人工调控环境的手段存在人为因素干扰大、不稳定、不节能等诸多问题，已难以满足现代畜牧业发展的要求。因此，集成监测、通信、自动控制手段的物联网技术，建立养殖环境智能监控是推进现代畜牧业发展的新途径。

猪场环境智能监控技术是应用现代物联网技术建立舍内温湿度、有害气体等关键环境指标的监测数据采集系统，应用非线性算法进行关键指标的综合分析，根据生产标准及空气环境质量要求，控制猪舍通风、降温、自动清粪、供暖、消毒等设备的开启和关闭，以实现舍内温湿度、有害气体浓度、空气中微生物及病原体量控制在适宜范围内，满足养殖业生产需求及环保要求。

一、猪场通风控制

畜舍的通风换气是畜舍环境控制的第一要素。其目的：在气温高的夏季通过加大气流促进畜体的散热使其感到舒适，以缓解高温对家畜的不良影响；可以排除畜舍中的污浊空气、尘埃、微生物和有毒有害气体，防止舍内潮湿，保障舍内空气清新。畜舍的通风换气在任何季节都是必要的，它的效果直接影响畜舍空气的温度、湿度及空气环境等。

二、猪场温度的控制

适宜的环境温度是保证猪正常生长发育、产肉和繁殖的先决条件。但因为猪的年龄、类型（表3-5）、品种的不同而有不同的要求，所以对猪场温度进行控制就要采用一定的方法和参考一定的标准。

在寒冷地区，通过猪舍的隔热设施来有效地保住猪在活动中代谢产生的热量，以达到适宜的环境温度。在炎热地区，也同样通过猪舍的隔热设施，并通过降温设备以克服高温的影响。

表3-5　不同年龄和不同类型猪的适宜温度

日龄或猪的类型	适宜温度（℃）
日龄	
0～3	34～35
0～3	32～34
0～3	30～32
0～3	28～30
0～3	26～28
类型	
幼猪（体重在40千克以下）	24～26

（续表）

日龄或猪的类型	适宜温度（℃）
育肥猪（体重在40千克以上）	19～24
成年猪	17～19
分娩母猪	18～22

三、猪舍的湿度管控

在猪舍的环境管理上，湿度过高过低都会影响养殖场内猪的正常生长发育，影响猪的育肥和繁殖（表3-6）。猪舍内环境的湿度太高容易使猪得一些疾病，多数都会影响猪的呼吸系统、消化系统和寄生虫方面，而且湿度太高也会使猪饲料发生变质，容易腐烂，猪舍内的金属器件也会产生锈变。湿度过低也不行，容易造成猪舍内环境干燥，影响饲养环境的控制，容易使幼小的猪仔发生脱水现象。

当猪舍内湿度过高时，可合理进行通风，以便降低猪舍的湿气，促进地面水分的蒸发，来达到降低猪舍内环境湿度的标准。但是，在冬季一定要注意降低湿度的同时注意温度的控制。

表3-6　各类猪舍环境的适宜湿度

猪舍的种类	相对适合湿度（%）
公猪舍	60～70
母猪舍	65～75
幼猪舍	65～75
肥猪舍	65～75

四、空气

猪舍内粪尿分解是有害气体的主要来源，当环境湿度过大时更容易产生臭气。因此，规模化猪场一般采用漏缝地板，实现粪尿分离干燥来降低有害气体的产生。不同地面猪舍的有害气体散发量见表3-7。

表3-7　不同地面猪舍的有害气体散发量

地面类型	猪的数量	臭味散发（克/小时）	总酸（毫克/小时）	总芳香化合物（毫克/小时）	氨气（克/小时）
丹麦式	180	20	1584	53	8
半漏缝	105	76	1675	48	26
半漏缝	280	90	7287	227	76
半漏缝	400	156	8135	382	212

五、光照

猪舍的光照可分为自然光照和人工光照两种。无窗的猪舍则完全利用人工光照，有窗的猪舍以自然光照为主，以人工光照为辅。

目前依靠电脑自动控制的无窗猪舍在我国北方普通猪场还没有见到。有窗猪舍的自然光照受多种因素的影响，如猪舍的朝向、窗户的大小、阳光的入射角度和玻璃的透光性等，在猪舍的规划设计上都要考虑进去。为了保证猪舍有较好的光照，猪舍的朝向应是坐北朝南，冬季有利于光照入舍和升温，夏季可防止强光照射，有利于防暑降温。窗户的面积越大，进入猪舍的光线就越多。入射角度和透光性越大，越有利于光照。在相同面积的情况下，立式窗要比卧式窗透光角大。

第八节　生态放养猪的疾病综合防控

发展生态养殖，必须坚持“养重于防、防重于治”的原则；需要优化养殖场环境及给予猪只良好的生存条件、同时结合科学合理的饲养管理程序才能保障猪群健康并提高生产率水平。疫病防控必须遵循消灭传染源、切断传播途径与保护易感动物等三大原则，发生传染病时可采取“早、快、严、小”的方针，即早发现、快速反应、严格处理和小范围扑灭。发展生态养殖除具备合理的场地设施外，还应建立科学的防疫管理体系。

一、加强饲养管理

注重饲养密度、猪舍温度和通风。保持猪群的合理饲养密度，尤其保育猪、生长猪和育肥猪，密度过高，空气流通性差，病原微生物富集，容易导致疾病的发生和传播。同时，猪舍要适时通风，避免氨气含量过高，损害呼吸道黏膜。实践证明，猪舍内氨气浓度大于50毫克/千克、二氧化硫含量大于0.2%，就会诱发呼吸道疾病。此外，猪舍的温度是维持猪只正常生长的首要条件，温度过低，不仅消耗机体能量，影响生长，更重要的是容易诱发感冒和腹泻。不同日龄猪对温度的需求见表3-8。

表3-8　不同日龄猪对温度的要求

日龄	适宜温度（℃）	月龄	适宜温度（℃）
1～7	32～28	2～3	22～18
7～15	28～25	成年猪	15
15～30	25～22	公、母猪	15～20

饲料新鲜，配方合理、营养全面。养殖过程中要按照不同阶段猪只的营养需要，配制全价料，满足氨基酸、微量元素和维生素的需要。确保饲料原料不发生霉变。

二、重视养猪场生物安全措施

加强引进生产种猪的隔离检疫。坚持从无特定流行病原（确保猪瘟和伪狂犬野毒阴性）的种猪场进行引种，引进后，在本场的隔离舍观察1个月，无异常方可混群饲养。使用优质公猪精液，同时应检测是否含有其他相关繁殖障碍性病原（如猪繁殖与呼吸综合征病毒、乙脑和细小病毒、布鲁氏菌等）。

保持猪舍内外和周边环境的清洁卫生，及时清除粪便和排泄物。粪便可采用生物热消毒法（发酵池或堆粪法）进行处理，猪粪堆积处应远离猪舍，并定期消毒（可用50%百毒杀1：300进行喷雾消毒）。污水可用沉淀法、过滤法或化学药品处理（每升污水加2.5克漂白粉）。粪便和污水进行无害化处理后可还田利用。

禁止外来人员和车辆未经消毒就进入养殖区域，降低病原微生物的感染概率。制订严格的消毒制度，定期对生活区、生产区、生产用具等进行消毒。生活区和生产区应分开，并建立消毒池（采用2%～4%火碱溶液）；生产区消毒包括猪栏消毒和日常全群带猪消毒（每周2～3次）。猪栏消毒应在猪群转出后进行，可采用以下方式：清污—2%～4%火碱浇淋—清水冲洗—聚维酮碘/戊二醛消毒—干燥，栏舍消毒后间隔7天以上转入猪群。对生产环境和用具进行消毒时应选择高效、广谱、低毒、无残留的消毒剂如聚维酮碘、复合醛和复合酚类等；带猪消毒时可选择过氧乙酸、次氯酸钠、百毒杀等对猪生长发育无害而又能杀灭微生物的消毒药。

消灭或控制养猪场内的传播媒介。使用化学和机械方法定期灭蚊、灭鼠；限制犬、猫、飞禽等与猪只、饲料的接触。及时对病死猪进行无害化处理，可采用深埋、化制和高温处理等方式。

三、免疫预防

免疫接种是控制传染病的主要措施，对于防控病毒性疾病来说更为重要。免疫程序应根据养猪场和周边疫情的流行规律、猪群血清学抗体检测水平、免疫疫苗的种类和免疫途径等具体情况来制订。免疫预防使用的疫苗有灭活疫苗、亚单位疫苗和活疫苗（含基因工程活疫苗）3大类。灭活疫苗需冷藏保存，免疫时较为安全，但其诱发的细胞免疫反应程度低于活疫苗。活疫苗往往需要冷冻保存，用于紧急接种其效果优于灭活疫苗，但在常规免疫预防中，活疫苗的效力易受母源抗体的影响。在使用灭活疫苗时，免疫前需将冷藏状态的疫苗恢复到室温再注射，以便减少应激等不良反应。影响疫苗免疫效果的因素中，除了疫苗的抗原含量外，佐剂也是重要的因素。

四、药物预防和治疗

养猪场发生病原菌感染时，可以通过药物来预防。通常在未进行病原分离鉴定时，可考虑使用广谱药物加以控制，随后根据鉴定出的病原菌药物敏感性来选择药物。首次使用药物须加倍，然后使用正常的剂量，在规定疗程内使用。低剂量长期使用抗生素，可诱导细菌产生耐药性。对于全身性感染、急性病例和个案病例，建议注射或静脉给药；对于肠道感染、慢性感染和食欲下降的病例，可通过饮水给药，如果猪群食欲正常，则首选投药拌料。

五、保健药物预防

药物保健的目的是提前预防和控制传染病的发生，提高猪群抗病力，发生疫情时也可作为治疗措施而使用；药物添加时应根据其理化特性、药理学特点与适应证、配伍法则等用于饲料混饲或饮水。

第九节　生态放养猪生产模式研究

地方猪品种形成往往都与地方饲料资源、环境气候息息相关，我国地理与气候环境跨度大、饲料资源差别也大，有必要结合条件的便利性，根据当地养殖环境科学利用资源，规模化猪场饲养、专业合作社组织饲养、公司+农户饲养、超商+订单等模式都可以尝试，以效果最佳为标准，推动优质地方猪的蓬勃发展。在我国林区的天然林和人工林山坡地，地方猪可进行放牧饲养，即将地方猪转移到野外山林中，以野生植物的果、叶、茎、根为主要饲料，以生产绿色有机黑猪肉为主要目的。地方猪野外放养，因为空气新鲜，阳光充足，运动量加大，猪体质更健康，生病少；饲养周期延长，猪肉肉质好，肉味香浓，还可以合理利用林下资源，节约饲养成本，获得可观的效益。

一、野外放养场地选择

野外放养场地选择工作如下：①选择地势高，排水便利，水源充沛、清洁，有较为开阔的林地或草地。林地要选择多年生长的阔叶林或针阔叶混交林，林木茂密，林下果实和野菜及可食性野草较多，且水源充足的山沟，这样既可以避免野外放养猪对林木的破坏，又可以保证充足的饲料。②野外放养猪的数量要与林地面积有合理的比例，放牧式养猪注意饲养环境清洁卫生、节约资源。放养密度要考虑土地承载量，每头猪占地面积达到30～50平方米。每个放养场地放养数量不超过120头猪为宜。③放养场地距居民区及耕地要达到5千米以上，防止人、畜对放养猪的惊扰和放养猪对农作物的破坏。建设必要的饲喂、睡卧、避雨雪猪舍。将猪群分类分区开放饲养。④放养场地及周围林中无大型食肉野生动物出没。

二、修建简易圈舍及看护房

圈舍及看护房的修建要选择在山沟的中下部，交通较方便和透光的林下空地。圈舍建设可采用木料、石料或砖料，要背风向阳，地面防水、防泥泞，舍上建有遮雨棚。因圈舍主要供放养猪夜间休息用，面积不宜过大，一般每头猪需建圈舍0.6～0.8平方米。

三、放养前的准备

（一）放养猪的选择

选择地方品种断奶仔猪，要健康无病，日龄、体重大小基本相同或均等。

（二）做好驱虫、免疫注射和去势

所选择的断奶仔猪先进行驱虫，上山前将各项疫病的免疫工作全部完成，上山后不再进行免疫注射。对没有去势的仔猪要及时去势，防止猪在野外发情滥配。

（三）放养前短期舍饲

刚断奶的仔猪应激性较强，对气候变化反应较重，不适宜马上放养，需先舍饲1～2个月，体重达到30～35千克再进行放养，达到100～120千克体重出栏。放养时需要注意所在地区的气候条件。南方可四季放养，北方只能在春、夏、秋3个季节进行生态放养。注意场地坡度，尽量消除坡、坎、沟、洞等易导致伤害的自然环境条件。也要具备防逃设施，避免猪只逃逸。

四、野外放养的饲养管理

（一）放养初期的驯化

猪在大自然环境中具有恋食性、群居性和游动性，不进行驯化会造成猪的不归。因此，猪上山初期应先圈养3天，每天饲喂2～3次，让猪熟悉周围环境，从第四天开始打开窗门，让猪自由活动，采食附近野果和植物，傍晚时喂食1次，以猪吃饱为准，喂食时要配合吆喝或敲击食盆等一些音响，召唤猪回归，使猪形成条件反射，1周时间即可养成傍晚回归吃食休息的习惯，1周后开始定量喂食，每天傍晚1次，喂到八成饱，使猪第二天清晨处于饥饿状态，促使猪到林中觅食。猪到林中采食时，一般为群体活动，由近及远，四处觅食。先采食橡子、榛子、核桃等硬果及可口的野菜，再采食野草和可食性草根，近处采不到就跑远处游动，最远可游动到距圈舍3～4千米，但到下午时都能往回游动，傍晚回到圈舍吃食、休息。

（二）补给饲料

猪在野外环境中采食野生植物，并不能完全满足猪的生长需要，还要进行一定的补饲。一般猪上山前3天，为适应环境采取自由采食的方式补饲，从第四天开始减少配合饲料用量，1周后改为每天傍晚喂1次，补喂量随猪在野外采食量的逐步增加而减少。放养前期每天补喂配合饲料600克，放养中期每天补喂配合饲料500克，放养后期每天补喂配合饲料400～450克。饲料配比为：玉米面57%、豆饼14%、浓缩料14%、糠麸类15%。

（三）勤观察

猪在野外活动量较大，随群观察较困难，应在每天傍晚猪群回归时清点数量，仔细观察猪的采食状态、精神状态和粪便状态，对不归的猪只要及时查找，查明原因。部分猪在野外饱食后寻找树下干燥处晚睡而不归属正常现象。地方猪野外放养，活动性大，机体抗病力强，一般不易发生疾病。对于有病的猪要及时隔离治疗，病好后再放到野外。

（四）防中毒

猪对有毒植物具有本能鉴别力，一般不会主动采食有毒植物，但有时个别猪误食藜芦、毒芹等有毒植物中毒后，出现呕吐、兴奋不安、呼吸困难等症状，要采取必要的对症治疗，同时配合肌内注射强力解毒散，灌服白酒或绿豆水等解毒剂。

（五）适时出栏

地方猪在野外饲养期一般为6～7个月，日增重350～450克，平均为400克，体重达到100～120千克时要及时出栏。部分未及时出栏的猪要转移到山下舍饲，为保证产品质量，仅饲喂王米、豆饼和糠麸，不喂全价料，待达到出栏体重时出栏。

（六）免疫

放养猪抗病力增强，但仍有患病可能，对猪瘟、猪丹毒、蓝耳病、口蹄疫等需要进行针对性免疫。

五、猪场废弃物的处理

猪场的废弃物指猪场外排的猪粪尿、猪舍垫料、废饲料等固体废物和猪舍冲洗废水等。猪场产生的废弃物，含有大量的有机物质，如果不妥善处理会引起环境污染，危害人畜健康。同时粪尿和污水中含有大量的营养物质，是农业可持续发展的生物质资源——可再生利用的宝贵资源，它有农作物土壤需要的丰富的营养成分，是联结养殖业和种植业的纽带，使生态链中物质形成循环利用。如何充分合理地利用禽粪便中的有机质和氮、磷、钾成分，又消除粪便污染，是解决粪便污染的重要内容。

猪场废弃物的处理利用应按照《畜禽规模养殖污染防治条例》执行。条例规定：

国家鼓励和支持采取粪肥还田、制取沼气、制造有机肥等方法，对畜禽养殖废弃物进行综合利用。

国家鼓励和支持采取种植和养殖相结合的方式消纳利用畜禽养殖废弃物，促进畜禽粪便、污水等废弃物就地就近利用。

国家鼓励和支持沼气制取、有机肥生产等废弃物综合利用以及沼渣沼液输送和施用、沼气发电等相关配套设施建设。

将畜禽粪便、污水、沼渣、沼液等用作肥料的，应当与土地的消纳能力相适应，并采取有效措施，消除可能引起传染病的微生物，防止污染环境和传播疫病。

从事畜禽养殖活动和畜禽养殖废弃物处理活动，应当及时对畜禽粪便、畜禽尸体、污水等进行收集、贮存、清运，防止恶臭和畜禽养殖废弃物渗出、泄漏。

向环境排放经过处理的畜禽养殖废弃物，应当符合国家和地方规定的污染物排放标准和总量控制指标。畜禽养殖废弃物未经处理，不得直接向环境排放。

六、粪污处理的新技术

（一）粪便无害化处理方法

1.土地还原法

畜禽粪便还田是我国传统农业的重要环节，在种植业中充当着重要的土地肥料，在改良土壤、提高农作物产量方面起着重要的作用。土壤在获得肥料的同时净化粪便，节省了粪便的处理费用。

2.腐熟堆肥法

堆肥发酵处理是目前畜禽粪便处理与利用较为传统可行的方法，指用于处理有机垃圾。其原理是利用微生物对垃圾中的有机物进行代谢分量，并能产生有机肥料。通过添加作物秸秆（或其他废弃物，如蘑菇渣、锯末等），利用快速发酵技术将其制成微生物活性较高的堆肥，一方面可以实现畜禽粪便无害化与减量化，另一方面对于减轻由于长期施用化肥造成的农村环境污染，增加土壤肥力，提高农业产量，发展绿色食品，也具有重要意义。此外，依照该技术生产的粗肥产品便于运输，品质可达到畜禽粪便无害化处理规范要求，可直接进行肥料化利用，也可用于进一步加工商品有机肥，实现畜禽粪便资源化，对农业资源节约、环境保护及可持续发展具有重要的现实意义。

运用堆肥技术，可以在较短的时间内使粪便减量、脱水、无害，取得较好地处理效果。该技术的应用将从根本上解决粪便堆放造成的环境污染和气味恶臭等问题，节约粪便堆放占地面积，降低土地使用成本。粪便经过堆放发酵，利用自身产生的温度来杀死虫卵和病原菌，达到无害化处理目的。

3.发酵处理

粪便资源的饲料化，是畜禽粪便综合利用的重要途径。畜禽粪便含有大量未消化的蛋白质、B族维生素、矿物质元素、粗脂肪和一定数量的碳水化合物，特别是粗蛋白质含量较高，经发酵剂发酵后的粪便可成为较好的畜禽饲料资源。

4.生物分解法

利用蝇蛆、蚯蚓和蜗牛等低等动物分解畜禽粪便，达到既提供动物蛋白质又能处理畜禽粪便的目的。此法比较经济，生态效益显著。蝇蛆、蚯蚓和蜗牛都是营养价值很高的动物性蛋白质饲料。先将牛粪与饲料残渣混合堆沤腐熟，达到蚯蚓产卵、孵化、生长所需的理化指标，然后按适当厚度将腐熟料平铺于地，放入蚯蚓让其繁殖。

（二）死猪体的处理

病死猪应深埋或焚烧处理，其粪便发酵处理，对使用的垫草焚烧或作高温堆肥。禁止将死猪或具有传染病的病猪流入农贸市场，并且禁止随意抛弃死猪尸体。

第十节　生态猪场的经营与管理

一、生态养殖产业化开发

近年来，随着养猪业的持续快速发展，有的地方因生猪养殖带来的污染与环境保护的矛盾日益突出，大力推进生猪生态养殖建设循环型养猪业已刻不容缓。为了有效地解决生猪养殖产生的废水、废渣和恶臭等对环境的污染问题，必须因地制宜，大力推广各种生猪生态养殖模式，切实提高生猪生态养殖技术水平，促进生猪产业的可持续发展。

（一）因地制宜推广各类生猪生态养殖模式

要根据沿海和山区不同区域的地形地貌以及不同猪场各自的特点，突出环境保护和循环经济建设，因地制宜推广猪—沼—果（草、林、菜）、达标排放、漏缝地面—免冲洗—减排放和生物发酵垫料床零排放等环保型养猪模式，建设循环型养猪业，促进生猪养殖与环境保护的和谐发展。

（二）加强生态养殖技术的示范与推广

开展各种模式下地方猪生态养殖中牧草种植技术、饲养管理技术和疫病防控技术的研究，编写适合各种区域的地方猪生态养殖技术资料，指导生产，并开展培训与示范，为地方猪生态养殖产业化提供适用、先进的技术支撑。同时，建立网络养殖技术、产品加工技术的服务和产品供需信息的销售平台、广告宣传，促进特色生态养殖的产业化和现代化。

（三）积极推进猪粪尿的资源化综合利用

1.引导发展生态立体农业

通过合理的布局，使养猪业与种植业、水产业、林业等密切联系，有机结合共同发展，形成以生猪养殖为中心，集种、养、鱼、副、加工业为一体的立体农业生态系统，这是发展循环农业经济的主要途径和方法。

2.积极开展大中型沼气工程建设

大中型沼气工程建设是合理利用猪场粪污资源，有效解决规模猪场排泄物和污水污染的主要方式。

（四）切实落实各项扶持政策措施

积极推进生猪养殖用地政策的落实；实施项目带动，建设标准化生态养猪场；扎实抓好大中型沼气工程项目；积极协调落实沼气发电并网和补贴政策；积极争取发改委和财政部门的资金支持；切实推进生猪养殖依法管理。

二、清洁能源改造

（一）太阳能技术的应用

太阳能是清洁可再生的能源，目前已在我国得到较大范围的使用，主要体现为太阳能热水器的普及使用。在山东等地，太阳能产业正得到快速发展，许多技术如太阳能电池等也日臻成熟。中国很多地区处于太阳能资源丰富带，畜牧场可以通过合理利用太阳能来替代煤的使用。

太阳能的发展时间并没有很长，现在的研究有很多是关于太阳能电池、太阳能热水器、太阳房等的研究，大多数太阳能技术用在种植上，在畜牧业方面太阳能利用的研究相对较少。

我国袁月明教授研究被动式太阳房（附加阳光间）配套地道通风系统的猪舍环境状况，风机将附加阳光间内的热空气通过猪床地面输送到猪舍内，猪床内的蓄热材料将热量储存下来，夜晚蓄热材料将白天储存的热量释放出来。研究表明，试验猪舍比对照猪舍的温度平均高3℃，相对湿度平均降4%，两者温度、相对湿度差异极显著。说明太阳能猪舍采用地道通风的方式对改善舍内热环境有一定的作用。

我国袁月明教授研究太阳能低温热水地板辐射采暖系统也是可以在猪舍中使用的一种清洁能源供暖方式，在埋设于地板内的加热盘管中通入40～65℃低温热水，以热传导的方式将地面加热至25～32℃，整个地板表面主要以热辐射方式与室内空气进行热量交换，保证猪只活动空间的温度要求。与对流采暖相比，辐射采暖的竖直温度呈现下高上低的温度梯度，且温度梯度较小。由于系统供水温度较低，利用太阳能加热的热水作为其工作热水是完全可行的，为保证系统全天候运行，可增设辅助热源。

太阳能是取之不尽、用之不竭的能源，而且不会对环境造成任何污染。生产中采用的太阳能采暖系统是由太阳能接受室和风机组成的。冷空气经进气口进入太阳能接受室后，被太阳能加热，由石床将热能储存起来，夜间用风机将经过加热后的空气送入畜禽舍，使畜禽舍被加热。这是一种经济有效的太阳能采暖方式。太阳能接受室建在畜禽舍的南墙外，双层塑料薄膜作为采光面，双层塑料薄膜之间用方木骨架固定，使之形成静止空气层，增加保温性能。

（二）生物质能的应用

生物质能是世界上最广泛使用的能源，是指由生命物质排泄和代谢出的有机物质所蕴含的能量，我国生物质能储量丰富，70%的储量在农村，应用也主要在农村地区。生物质能本质上也是来源于太阳能，是绿色植物通过叶绿素将太阳能转换为化学能而储存在生物体内的一种能量。现代生物质能通常包括木材及森林废弃物（如木屑、刨花等）、农业废弃物（如秸秆、稻壳等）、水生植物、油料作物（能源作物）、城市和工业有机废弃物、动物粪便等。生物质能的利用方式一般包括直接燃烧、热化学转化和生物化学转化3条途径。

生物质能形成的产业主要有沼气产业、生物液体燃料产业、生物质发电产业和生物质固体成型燃料。其中可以在猪场应用的产业主要有沼气产业和生物质固体成型燃料。

养殖场沼气工程是以规模化畜禽养殖场粪便和污水的厌氧消化为主要技术环节，集污水处理、沼气生产、资源化利用为一体的系统工程。主要包括前处理设施、厌氧消化系统、沼气利用系统、后处理与综合利用系统等。目前，养殖场沼气工程的功能已开始从单纯获取能源和简单的污染物处理逐步转向以保护和改善生态环境为主。通过养殖场沼气工程的建设，把畜禽养殖业产生的废弃物转化为可利用的清洁能源（沼气或沼气发电）和优质有机肥，实现了畜禽粪便的变废为宝和养殖企业的持续增效，形成了“资源—废弃物—再生资源”的循环利用模式。

将生物质燃料经过压力成型为固体燃料，具备存储简单、搬运方便等特点，可以用于为养殖场提供取暖等热源，也可在一定程度上替代工业燃料，在价格上比煤、石油、天然气更经济、环保。

三、低碳养猪新技术

（一）在饲料方面实现低碳养殖

饲料是养猪开支最大的项目，饲料成本占一般猪场总成本的70%～80%，饲料价格的高低、质量的好坏是决定养猪能否赚钱的关键，同时饲料的成分直接影响粪便中的氮、磷的含量，对减少粪便中的一氧化二氮的排放有重要影响。所以，饲料营养在低碳养猪中占极其重要的地位。猪场应该根据猪的营养需要及饲料提供的营养，使二者达到最完美的结合，进而最大限度地提高饲料转化率，减少饲料消耗，减少温室气体排放，达到低碳养猪的目的。

（二）在粪污处理方面实现低碳养殖

规模化猪场排放的大量而集中的粪尿与废水已成为许多城市的新兴污染源，是一些城市造成严重环境污染的根本原因。其对环境的危害主要表现在对大气、水体、土壤和人、畜健康的影响。

猪场粪污带来的各项污染问题，不仅对周边环境造成影响，还危害着猪场自身的环境，影响猪肉的品质和产量，最终对养猪业的经济效益产生恶劣影响。猪场粪污已造成不可忽视的环境污染，同时也制约着养猪业的发展。猪场粪污的妥善化处理已经刻不容缓。

对粪污进行无害化处理的方式主要有肥料化、燃料化两种方式。肥料化是指将粪污还田做肥料，主要原则是一定要保证粪污还田量一定要与农田的消纳量一致，且还田前一定要进行一定的生物处理，否则会导致硝酸盐、磷及其他重金属的沉积，从而造成水土污染，影响农作物的生长；燃料化是指将粪便进行厌氧发酵，抑制或者杀死其中的病原菌和寄生虫卵，发酵产物，如沼气等。

除了对粪污的处理之外，低碳化猪场的臭气也需要进行一定的控制。

规模化猪场中恶臭主要来自于猪的粪污水、垫料、饲料等的腐败分解。猪场的恶臭的控制可以通过以下措施实现：科学设计日粮，提高饲料利用率；合理利用饲料添加剂；加强猪场的卫生管理等。

第四章　牛羊生态养殖技术

随着社会不断发展，生活质量也随之提高，日常饮食中牛肉和羊肉成为人类的必需品，间接地促进了牛羊养殖业的发展。但随着养殖规模不断扩大，随之而来的就是生态环境的破坏，由于人类过度地开采和放牧，造成生态草地面积不断缩小，土地荒漠化变得更为严重。因此，现如今推广的生态养殖技术已经成为养殖业追求的目标，既能保护生态环境，减少温室气体的排放，又能增加人们的经济收入，对促进我国养殖业的发展具有重大的意义。

第一节　牛的生态养殖技术

一、牛的品种

在日常生活中，牛是最常见的动物之一，而且牛肉已经成为饮食中主要的食材。在各个国家地区，牛的种类有很多，通过各种方法的研究和国家畜禽种类的审核，据统计在我国黄牛种类有69种，其中地方品种有52个、技术培育有5个、国外引种有12个，我国是世界上牛品种数最多的国家。按经济用途划分，则可将牛分为乳牛、肉牛及兼用牛等几种类型。下面主要讲各种类型里具有代表性的品种。

（一）乳用牛

1.荷斯坦牛

荷斯坦牛主要来自荷兰北部的西弗里斯和德国的荷斯坦省，现在多数国家已经引种于自己国内，因为多年的科学培育研究，导致牛的特征方面存在着一些不同，因此世界上很多国家养殖的荷斯坦牛都是借助国家名称命名。比如，英国荷斯坦、加拿大荷斯坦等。

（1）外貌特征。荷斯坦牛属于大型乳用牛，身高体壮，身体结构匀称，后体躯干发达，侧望体躯呈楔形。身体毛色以黑白花为主，额部地方有白色斑点，身体腰腹、尾巴部分和身体四肢都是为白色。此种牛的骨骼精致，但是身体部位肌肉不发达，皮薄有弹性，身体脂肪较少。通常情况下，公牛一般重达905～1210千克，母牛体重普遍为650～750千克，牛犊初生重40～50千克。公牛平均体高145厘米，体长190厘米，胸围226厘米，管围23厘米。母牛体高135厘米，体长170厘米，胸围195厘米，管围19厘米。美国、加拿大和日本等国的黑白花牛属此类型。

（2）生产性能。世界上生产奶量最多的牛品种就是荷斯坦牛。此种牛凭借高产奶量、饲料转化率好、环境适应能力强等多项优势闻名于世界。通常情况下，一只荷斯坦母牛平均每年生产奶6510～7510千克，乳脂率为3.6%～3.7%。

在美国本地，畜牧业大约有89%的奶牛品种都是荷斯坦牛，因此是世界上很多国家都是从美国引进荷斯坦牛品种，然后进行培育养殖。以色列荷斯坦牛以高产抗热闻名于世，我国南京农业大学种公牛站于2000年已引入以色列血统荷斯坦牛。

2.中国荷斯坦牛

中国荷斯坦牛通过从国外引进优良荷斯坦牛品种，然后利用我国地方黄牛优良特性进行杂交选育，长期的培育繁殖形成了特定的乳品专用牛。

（1）外貌特征。中国荷斯坦牛的身体颜色为黑色和白色组成，毛色错落有序，黑白很清晰，牛头面部多数有白色斑点。其身躯体型较大，体型结构完美，身体颈部肌肉较少，皮肤褶皱较多。通常养殖的成年公牛体重大约为1030千克，成年的母牛体重大约为650千克，刚繁殖出生的小牛体重有36～48千克。

（2）生产性能。中国荷斯坦牛头胎养殖300天以上生产的牛奶量平均高于5110千克，一些优良品种的个体产奶量为7005～8005千克，品种当中一些身体特性很好的个体产奶量高达10050～16050千克，牛奶中含有的乳脂含量大约为3.4%。

（3）繁殖性能。中国荷斯坦牛性成熟早，繁殖性能高。据统计，年平均受胎率88.8%，情期受胎率48.9%，繁殖率为89.1%。

3.娟姗牛

娟姗牛品种来源于英国，产自当地英吉利海峡的娟姗岛地区，在当地也属于乳用牛品种。此品种牛性情温驯，体型较小，是举世闻名的高乳脂率奶牛品种。19世纪已被欧美各国引入。目前广泛分布于新西兰、澳大利亚、美国、加拿大等国。

（1）外貌特征。中躯长，后躯较前躯发达，身体外形为楔形。头部娇小重量轻，牛头部位凹陷，眼睛圆大而向外突出。牛的犄角大多为中等偏小，向前弯曲，色黄，尖端为黑色。颈细长，有皱褶，颈垂发达。牛的乳头静脉粗大而弯曲，乳头略小。皮薄而有弹性，毛短细而有光泽。

成年公牛体重为650～750千克，母牛为340～450千克，牛犊初生重23～27千克。成年母牛体高113.5厘米，体长133厘米，胸围154厘米，管围15厘米。

（2）生产特性。其生产的牛奶中乳脂含量为5.5%～6.0%，身体性能优良的个体其牛奶中乳脂含量可以达到9%。而且在其分泌的牛奶中乳脂肪球颗粒很大，牛奶中的乳脂肪颜色为淡黄色，通常生产中可以作为生产黄油的原材料。娟姗牛长的生产牛奶中乳脂蛋白高达5%。年平均产奶量3000～3500千克，个体年产奶量的最高纪录为18929.3千克。在全球畜牧养殖业中，多数国家和地区使用娟姗牛品种进行改良提高低乳脂品种牛的乳脂量，取得明显效果。该品种牛性成熟早，能适应广泛的气候和地理条件，耐热力强，适应于热带气候饲养。

（二）肉用牛

1.皮埃蒙特

皮埃蒙特牛是一个比较有名的肉牛品种，原产于意大利北部的皮埃蒙特地区。它原来是一个役用牛，后来由于人们对牛肉需求量的日益增加，意大利从20世纪60年代开始对该牛进行选育，目的就是把皮埃蒙特牛培育成一个产肉性能比较好的品种，经过几十年的努力，逐渐形成了今天的皮埃蒙特牛。中国农业科学院畜牧研究所1986年开始从意大利引进皮埃蒙特牛的冻精及胚胎。皮埃蒙特牛的冻精及胚胎已推广到我国的主要牛肉产区（或肉牛带），对我国的肉牛生产将起到一定的作用。

（1）外貌特征。皮埃蒙特牛被毛为灰白色或乳白色，初生牛犊为浅黄色，随年龄增长逐渐变成白色。鼻镜、眼圈、肛门、阴门、耳尖以及尾梢等部位为黑色。皮埃蒙特牛体型较大，体躯看起来呈圆筒状，胸部、腰部、尻部和大腿部肌肉发达，皮薄骨细。角尖为黑色。

（2）生产性能。皮埃蒙特牛早期生长速度快，皮下脂肪含量比较少，肉用生产性能十分突出，屠宰率高，一般为65%～70%，瘦肉率为84.1%，眼肌面积大。肉质鲜嫩，弹性好。成年母牛产奶性能也较好，一个泌乳期可产奶3500千克左右，其中生产的牛奶中乳脂含量大约为4.21%。此品种牛经过长期的繁育养殖，作为肉用牛的同时还具有较强的生产乳汁特性，充分改善了其母本黄牛品种的分泌乳汁能力。

2.夏洛来

夏洛来牛（图4–1）原产于法国的夏洛来省和涅夫勒地区。夏洛来牛原来是一个比较古老的役用品种。从18世纪时开始进行选育，1920年育成专门的肉牛品种。

图4–1　轻型夏洛来种公牛

（1）外貌特征。夏洛来牛属于大型肉牛。此品种最独特的外形特征就是背部皮毛纤细较长，大多毛色是乳白色和大白色，而且身体部位常常会有一些明显色斑；体躯高大强壮，额部较宽，脸较短，角中等粗细，向两侧或前方伸展，角质蜡黄，头小而短。腰间内由于臀部肥大的原因而略显凹陷，全身肌肉发达，尤其腿部肌肉看起来比较圆厚，并向后突出，常见有“双肌牛”出现。成年活重，公牛平均为1100～1200千克，母牛为700～800千克。

（2）生产性能。这种牛繁殖生长速度快，肉质精良口感好，瘦肉率高。通过专业养殖人员的精细饲养管理，通常年龄达到6个月的公牛犊的体重就可以达到250千克、母犊210千克。日增重可以达到1400克，饲料转化率高，日增重速度快，生产性能高，此种牛平均单个净肉率为59%～72%，产肉中瘦肉占81%～86%。夏洛来牛肌肉纤维比较粗糙，肉稚嫩度不够好。

3.利木赞

利木赞牛（图4–2）通常也叫作利木辛牛，此种牛来源于法国，产自当地中东部地区的梨木赞高原。利木赞牛当初是一个大型的役用牛，从1850年开始向肉用方向选育，1924年育成专门化的肉用品种。利木赞牛适应性强，耐粗饲，被毛浓而粗厚，皮厚而软，能够适应严酷的放牧条件，适应山区气候。

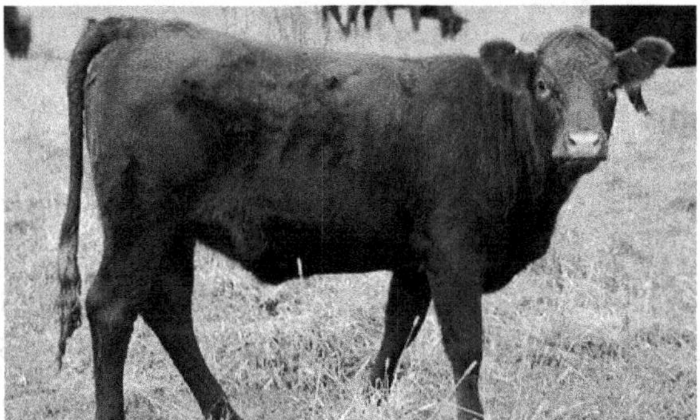

图4–2　梨木赞公牛

（1）外貌特征。利木赞牛体型较大，但小于夏洛来牛。公牛角粗短，向两侧伸展，母牛角细，向前弯曲。头短，额部较宽，胸部看起来比较宽深，体躯既宽又长，背腰平直，全身肌肉比较发达、四肢短粗，普遍身体各部位颜色呈现红色，身体背部地方颜色较深，其牛角通常为白色，牛蹄的颜色也是红色。

（2）生产性能。早期生长发育快、早熟、产奶性能优良是利木赞牛的主要优点。在较好的饲养条件下，出生后6月龄体重可达到250～300千克，平均日增重超过1.49千克；生长到大概8个月左右身体结构发生变化，屠宰的牛肉具有大理石纹现象，其净肉率一般可以达到65%～71%，其中瘦肉占79%～86%；通常养殖的成年公牛体重可达950～1200千克，母牛600～800千克。乳中脂肪含量达5.0%。

4.海福特

海福特牛（图4-3）原产英国海福特郡。海福特牛是一个古老的肉用品种，1790年育成，是由当地牛长期朝着肉用方向选育而成。此品种牛的环境适应能力强，在干旱的条件下依旧可以进行养殖，恶劣环境情况下适应能力好，很快适应不同环境地区的气候温度。

图4-3　海福特公牛

（1）外貌特征。其身体躯干宽大，身体前肢部位丰满，牛的颈部短小但很粗壮，身躯中间部位结实粗壮，身体四肢较短，尾部宽大扁平，皮下脂肪厚实；分有角和无角两种；角呈蜡黄色或白色，公牛角向两侧伸展，向下方弯曲，母牛角尖有向上挑起者。毛色为暗红色，亦有橙黄色者；通常养殖的成年公牛体重为1005～1105千克，而母牛为600～750千克。

（2）生产性能。海福特牛生长快，早熟，产肉性能高，肉质细嫩，味道鲜美，肌纤维间沉积脂肪丰富，肉呈大理石状。牛犊初生重，公牛为34千克，母牛为32千克；12月龄体重达400千克，7～18月龄平均日增重为0.8～1.3千克，18月龄公牛活重可以达到500千克以上。屠宰率一般为60%～65%，良好的饲养条件下可达到70%。

5.安格斯

安格斯牛（图4-4）原产于英国的英格兰地区。安格斯牛是英国古老的肉牛品种之一。安格斯牛是从18世纪末开始进行培育的，曾与短角牛、爱尔夏牛以及盖洛威牛进行过杂交，朝着肉用方向进行选育，逐渐形成了今天的安格斯牛。

（1）外貌特征。其身躯背部拥有黑色毛色和头部无角特点成为最大特征，畜牧业也将其叫作无角黑牛。安格斯牛是小型肉用牛，体格低矮，体质结实，身体四肢短小笔直，身体肌肉发达，瘦肉率高，营养价值高。成年公牛体重800～900千克，体高130.8厘米；成年母牛体重500～600千克，体高118.9厘米。牛犊平均初生重25～32千克。

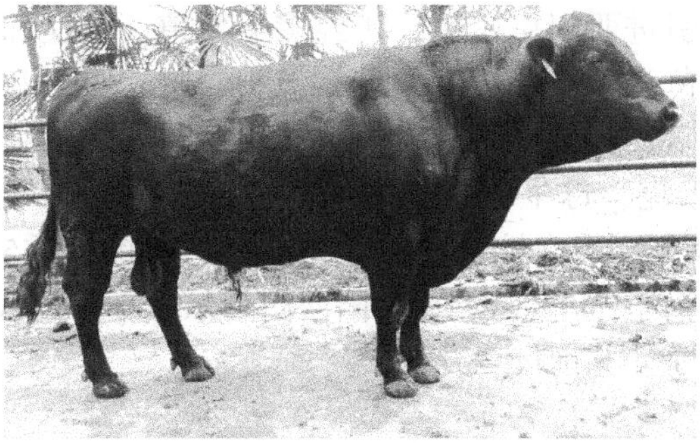

图4-4 安格斯公牛

（2）生产性能。安格斯牛属于早熟品种，能够抗红眼病，肉用性能良好，出肉率高，肉嫩味美，能够呈现出很好的大理石花纹。在进行育肥的情况下，12月龄体重可以达到400千克。屠宰率一般为60%～65%。安格斯牛繁殖力强，牛犊初生体重小，所以很少有难产的现象发生，耐粗饲，饲料报酬高，性情比较温驯，适于放牧饲养。

（三）兼用型牛

1.西门塔尔牛

西门塔尔牛原产于瑞士阿尔卑斯山区及德国、法国等国家地区，现在多数国家已经引种于自己国内，通过多年的科学培育繁殖，各个国家拥有了独有地区特征的西门塔尔牛品种，因此世界上很多国家养殖的荷斯坦牛都是借助国家名称命名，为乳肉兼用或肉乳兼用型品种。我国畜牧业利用西门塔尔牛的优良特性改良我国黄牛效果显著，杂种后代体型加大，生长增快，产乳性能和产肉性能均有提高，且杂种小牛放牧性能好。

（1）外貌特征。此种牛外观清秀匀称，体质结实，头较大，角向上方弯曲（有的无角），呈蜡黄色，角尖呈黄褐色；颈肩宽厚，结合良好；胸宽深，背腰平直，中躯发育良好，后躯略短，臀部宽较平；四肢端正，蹄质结实；体躯略呈长方形，肌肉丰满，结构匀称；乳房发育较好，被毛多为深红色，鼻镜、眼圈多呈粉红色，有的牛腹下、乳房部分有白斑，尾帚有白色。

（2）生产性能。西门塔尔牛产乳和产肉性能均良好，成年母牛平均泌乳天数285天，平均产奶量4037千克，乳脂率4.0%～4.2%。放牧育肥期内平均日增重0.8～1.0千克以上。母牛常年发情，初产期30月龄，发情周期18～22天，产后发情间隔约53天，妊娠期282～290天，繁殖成活率超过90%，而且母牛的第一胎难产率只有5%。

2.中国西门塔尔牛是我国自20世纪40年代开始从苏联、德国、法国、奥地利、瑞士等国引进西门塔尔牛，历经多年繁殖、改良和选育而成的。中国西门塔尔牛毛色为黄白花或红白花，但头、胸、腹下和尾帚多为白色。体型中等，蹄质坚实，乳房发育良好，耐粗饲，抗病力强。成年公牛活重平均800～1200千克，母牛600千克左右。305天产奶量可达到4000千克以上，乳脂率4%以上。产肉性能18～22月龄可达宰前活重570千克以上，屠宰率60%以上，净肉率49%以上。中国西门塔尔牛平均配种受胎率92%，情期受胎率51.4%，产犊间隔407天。

3.新疆褐牛

新疆褐牛是草原乳肉兼用品种。主要分布于新疆北疆的伊犁、塔城等地区，南疆也有少量分布。

（1）外貌特征。体格中等，体质结实。有角，角中等大小，向侧前上方弯曲，呈半椭圆形；背腰平直，胸较宽深，臀部方正；四肢较短而结实；乳房良好。新疆褐牛被毛为深浅不一的褐色，额顶、角基、口轮周围及背线为灰白或黄白色，鼻镜、眼睑、四蹄和尾帚为深褐色。成年母牛平均体重为430千克，成年公牛平均体重为490千克。初生公牛犊重30千克，母牛犊重28千克。

（2）生产特性。此牛养殖过程中通常产奶量为2110～3510千克，产奶量多的优良个体泌乳量可达5200千克；生产的牛奶中乳脂平均含量为4.02%～4.09%，乳汁中干物质含量为13.47%。此种牛产肉率高，瘦肉比例大，食用价值高，经济效益好，通常在自然放牧条件下，2岁以上牛只屠宰率50%以上，净肉率39%，肥育后则净肉率可提高到40%以上。

新疆褐牛的环境适应能力很强，此种牛极寒条件下都可以进行放牧养殖，抗旱能力高，抵抗病菌能力高。

4.中国草原红牛

中国草原红牛是引用乳肉兼用的短角牛与蒙古牛杂交而育成的新品种，为乳肉兼用型。主要产于吉林省白城地区、内蒙古赤峰市西南部县（旗）和河北省张家口地区。

（1）外貌特征。草原红牛外观清秀匀称，体质结实，头较轻，角向上方弯曲（有的无角），呈蜡黄色，角尖呈黄褐色；颈肩宽厚，结合良好；胸宽深，背腰平直，中躯发育良好，后躯略短，臀部宽较平；四肢端正，蹄质结实；体躯略呈长方形，肌肉丰满，结构匀称；乳房发育较好，被毛多为深红色，鼻镜、眼圈多呈粉红色，有的牛腹下、乳房部分有白斑，尾帚有白色。平均体重公牛为825.2千克，母牛为482千克；初生公牛犊为31.9千克，母牛犊为30.16千克。

（2）生产性能。目前产乳量按全挤和青草期挤乳两种方式计算，全挤泌乳期平均为220天，平均头产乳量为1662千克，乳含脂率为4.02%，最高个体产乳量为4507千克；青草期挤乳100天，平均头产乳量为849千克，乳脂率为4.03%。

中国草原红牛繁殖性能良好，初情期多在18月龄。牧场条件下，繁殖成活率为68.5%～84.7%。环境适应能力强，对饲料要求低，可以抵抗恶劣环境条件，抗病性能优越。

二、牛的营养管理与饲料

（一）牛的营养需要

无论是奶牛还是肉牛，其营养需要主要包括：能量、蛋白质、矿物质、维生素及水分等几大部分。

1.能量需要

能量是动物维持生命活动及生长、繁殖、生产等所必需的，是动物的第一营养提供原料。畜牧业里养殖牛所需身体营养主要来源于喂养的饲料，日常食疗其中含有高蛋白，高糖分和脂肪，为牛的新陈代谢提供能量需求。

通常在各个国家的养殖业行业里，表示牛的体内能量按照净产能为标准，喂养的奶牛按照生产奶净能，而肉用牛按照增重净能。其单位有兆焦（MJ）、千焦（kJ）等。牛之所以用净能，这是因为牛的饲料种类很多，各类饲料对牛的能量价值不同，不仅能量的消化率差别很大，而且从消化能转化为净能的能量损耗差异也很大。而用净能表示则较能客观地反映各种饲料之间能量价值的差异，而不致过高地估计粗饲料的能量价值。

2.蛋白质需要

蛋白质是动物机体维持正常生命活动所不可缺少的物质，牛皮、牛毛、肌肉、蹄、角、内脏器官、血液、神经、各种酶、激素等都离不开蛋白质。因此，不论幼牛、青年牛、成年牛抑或是奶牛和肉牛均需要一定量的蛋白质来满足维持、生长、繁殖和泌乳的需要。蛋白质不足，会影响胎儿发育，生产性能和繁殖性能降低；过多则导致饲料成本增加、饲料资源浪费，甚至机体中毒、环境污染等。反刍动物生活和生产所需蛋白质主要来自日粮过瘤胃蛋白质和瘤胃微生物蛋白质。目前，国内外以可消化粗蛋白质和小肠可消化粗蛋白质体系确定需要量。

3.矿物质元素需要

矿物质元素是动物维持正常生长和繁殖功能所必需的营养物质。牛生长发育、繁殖、产肉、产奶、新陈代谢都离不开矿物质。现已确认牛所需的矿物元素有20多种。动物体内含量大于0.01%的为常量元素，包括钙、磷、钠、氯、钾、镁、硫等；动物体内含量只占少于0.01%的元素称作“微量元素”，通常牛的体内含有的微量元素有铁、锌、铜、锰、铬等等。

（1）主要常量元素。

①钙与磷。动物体内98%的钙和80%的磷存在于骨骼和牙齿中，钙和磷一起保证骨骼的强度和硬度。钙也是细胞和组织液的重要成分。磷能维持机体的酸碱平衡，参与机体的能量代谢而形成含高能键的化合物，磷存在于血清蛋白、核酸及磷脂中，参与细胞壁和细胞器的构成。

②钠。钠的主要功能是维持渗透压，保持酸碱平衡和体液平衡，参与氨基酸转运、神经传导和葡萄糖吸收。

③钾。钾是动物体需要最多的阳离子，主要存在于细胞内液中，参与体内渗透压和酸碱平衡，在调节水的平衡、酶促反应和维持正常心、肾组织的机能等方面，都起着重要的作用。

④镁。通常在养殖的动物体内镁元素储存在动物的牙齿和骨骼中，并以无机盐的形式进行组合。并且，在动物体内许多化学反应过程中镁单质充当活性催化剂，对体内的新陈代谢起着重大的作用。镁可影响神经肌肉的兴奋性，低浓度时可引起痉挛。

（2）主要微量元素。

①铜。铜是动物和植物必需的微量元素，是组成体内血液中血红蛋白的主要成分之一，是血液红细胞生成的主要辅助酶，也是动物体内很多活性酶的催化剂，铜可以参与体内红细胞的繁殖过程，还有骨骼的发育组成。

②铁。体内血红蛋白的主要成分包含铁，并且参与体内系统的生物化学作用，酶的构成也主要包括铁。喂养的过程中由于铁元素的缺乏，会造成牛的系统性贫血，血液中红细胞含量减少，肤色变为苍白，食欲减退，生长缓慢，体重下降，舌乳头萎缩。泌乳牛的产奶量下降。

③锌。锌分布于牛的肌肉、皮毛、肝脏、精液、前列腺和牛奶中，在动物体内具有广泛的生理生化功能，与肌肉生长、被毛发生、组织修复和繁殖机能密切相关。

④钴。钴是钴胺素（维生素B_{12}）的组成成分。

⑤碘。碘在牛体内含量甚微，但功能非常重要。

4.维生素需要

维生素是一类化学结构不同，生理功能和营养作用各异的低分子有机化合物。尽管维生素不是构成牛组织器官的主要原料，也不是有机体能量的来源，牛每天的绝对需要量也很少，但却是牛维持体能需要所必需的营养物质。

维生素包括维生素A、维生素C、维生素D、维生素E、维生素K和B族维生素，维生素A可以促进牛犊的生长发育，保护成年种牛的黏膜健康；维生素D可以促进牛体对钙和磷的吸收速率，体内缺少它会造成牛犊发育不良，骨骼松软甚至瘫痪。

5.水分需要

水是生命活动的基础，是动物机体一切细胞和组织必需的构成成分，动物机体内养分和其他营养物质在细胞内外的转运、养分的消化和代谢、消化代谢废物和多余热量的排泄、体液的酸碱平衡以及胎儿生长发育的液体环境，都需要水的参与。因此，水是牛最重要的营养素。奶牛体内水分含量为56%～81%，可分为细胞内液和细胞外液两部分。牛的水主要来源于饮水、饲料中的水分和体内有机物代谢水，其中饮水方式可提供70%～97%的水。而牛的代谢水只能满足需要量的5%～10%。牛机体水损失是通过泌乳、尿和粪的排泄、排汗以及肺呼吸的水分蒸发。牛的饮水量受气候、产奶量、干物质采食量、日粮组成、牛生理状况等几个因素的影响。如果养殖中长期缺少水分，会造成机体新陈代谢紊乱，体内消化系统发生错乱，体内物质转化变慢，营养流失，体温升高，更严重可能会造成牛的死亡。水对幼牛和产奶母牛更为重要，产奶母牛因缺水而引起的疾病要比缺乏其他任何营养物质来得快，而且严重。因此，水分应作为一种营养物质加以供给。

（二）牛常用饲料

1.青绿饲料

青绿饲料指物质中天然水分含量较高的植物性饲料，并且其中含有丰富的叶绿素。畜牧业通常喂养的青绿饲料有种植绿草、天然牧草、嫩绿枝叶、田间杂草和水草等植物。青绿饲料具有品种齐全、来源广、成本低、采集方便、加工简单、营养丰富等优点，能很好地被家畜利用。

青绿饲料粗蛋白质较丰富，用其作为牛的基础日粮能满足各种生理状态下牛对蛋白质的需要量。如以干物质计算，青绿饲料中蛋白质的含量比禾本科籽实还要高。例如，苜蓿干草中粗蛋白质的含量为20%左右，相当于玉米籽实中的2.5倍。要充分利用天然草地青草和田间杂草，可放牧，可割喂，尽量多晒制干草。采收时间和割取晒制方法会对青草含有的营养物质产生很大的影响。禾本科青草应在抽穗期收割，豆科青草应在初花期收割。晒制干草时，要防止阳光暴晒，尽量减少强光照射，否则会造成营养物质的流失，营养价值降低，尽量采取阴凉处干燥，使其保持生长时的青绿色，有香草味。

青绿饲料无氮浸出物含量高，粗纤维含量低。干物质中无氮浸出物为40%～50%，而粗纤维不超过30%，且柔软多汁，适口性好，能刺激牛的采食量，对奶牛的生长、繁殖和泌乳有良好的作用，还具有倾泻、保健作用。

2.青贮饲料

青贮饲料是指将新鲜的青刈饲料作物、牧草或收获籽实后的玉米秸秆等。包括一般青贮、半干青贮和外加剂青贮。青贮制作简便，成本低廉，各种粗饲料加工中保存的营养物质最高，是养牛业最主要的饲料来源。

养殖使用的青贮饲料有很多种类，根据生产的青贮原料不同进行分类，但是所有的青贮饲料总体上的营养价值都是相同的。其共同特征就是可以最大限度地保持青绿饲料的营养价值，在埋藏青饲料过程中，由于化学反应产生很多有机酸，完整保护了饲料其中的营养价值，氧化物质致使饲料被氧化的部分很少，减少营养物质的损失，提高饲料的利用率。并且，整个过程中产生的微生物芳香酸味，刺激家畜的饮食特性，使青贮料具有很好的适口性和消化率。还有，该种饲料物质在密封状态下可以长年保存，可解决冬季青饲料供应问题，做到营养物质的全年均衡供应。

3.粗饲料

含粗饲料是指含有粗纤维较多、容积大、营养价值较低的一类饲料。通常喂养的有青干草、玉米秸秆、树叶、家作物叶秆。粗饲料的主要特点是资源广、成本低，是牛最廉价的饲料。粗饲料的纤维含量高，在20%～50%，无氮浸出物含量少，缺乏淀粉和糖，蛋白质含量差异大，豆科干草可达20%以上，禾本科占6%～10%，秸秆、秕壳只有2%～5%，而且难以消化。粗饲料的钙含量高，磷含量低。维生素D含量丰富，其他维生素缺乏。优质青干草含有较多的胡萝卜素，秸秆和秕壳类饲料几乎不含胡萝卜素。体积大，在消化道停留的时间长。

4.能量饲料

能量饲料是指喂食的干物质中粗纤维含量低于18%，并且粗蛋白质含量低于20%的饲料，主要包括谷实类及其加工副产品、块根块茎类和瓜果类及其他。

（1）谷实类饲料。谷实类饲料大多是禾本科植物成熟的种子，此饲料的共同特性就是干物质中的无氮物含量较高，通常占饲料的78%；但是其中的粗纤维含量很少，更好地满足喂养的要求，有利于动物的进食；这种饲料的矿物质和维生素含量较少，比例不适当，喂食中要注意添加维生素和矿物质。常用的谷实类饲料包括玉米、高粱、稻谷、小麦、大麦、燕麦等（表4-1）。

表4-1　常用谷物饲料的主要养分含量

常用谷物饲料	DM（%）	CP（%）	粗脂肪（%）	Ca（%）	P（%）	奶牛能量单位（NND）
玉米	88.4	8.6	3.5	0.08	0.21	2.76
高粱	98.3	8.7	3.3	0.09	0.28	2.47
小麦	88.1	12.1	1.8	0.11	0.36	2.56
稻谷	89.5	8.3	1.5	0.13	0.28	2.39
大麦	88.8	10.8	2.0	0.12	0.29	2.47
燕麦	90.3	11.6	5.2	0.15	0.33	2.45

（2）糠麸类饲料。糠麸类饲料为谷实类饲料的加工副产品。包括麸皮、米糠及玉米皮等（表4-2）。这种饲料共有特性是无氮浸出物含量很低，相比较其原料其他各营养成分含量很高。并且饲料可利用率低，饲料钙含量较少，但其B族维生素含量很高，胡萝卜素及维生素E含量较少。

表4-2　常用糠麸类饲料的主要营养成分（以干物质计）

常用糠麸类饲料	DM（%）	CP（%）	粗脂肪（%）	Ca（%）	P（%）	奶牛能量单位（NND）
麸皮	88.6	14.1	3.7	0.18	0.78	2.08
米糠	90.2	12.1	15.5	0.14	1.04	2.62
玉米皮	88.2	9.7	4.0	0.28	0.35	2.07

5.蛋白质饲料

蛋白质饲料是指干物质中粗纤维含量在18%以下，粗蛋白质含量为20%以上的饲料。这类饲料粗蛋白质含量高，粗纤维含量低，可消化养分含量高，容重大，是配合喂养饲料的精饲料。

6.饲料添加剂

（1）氨基酸添加剂。畜牧业喂养过程中主要使用的氨基酸为人工合成的赖氨酸和蛋氨酸。通过研究分析得出，牛的瘤胃中微生物反应产生的微生物蛋白中蛋氨酸含量较少，此种氨基酸是限制性氨基酸，在高产奶牛中补充过瘤胃氨基酸，可显著提高产奶量：多数研究结果认为，添加蛋氨酸羟基类似物能增加乳脂率和提高校正奶的产量。每日每头奶牛添加7克保护性赖氨酸和5克保护性蛋氨酸，产奶量从26.58千克增至29.01千克。

（2）缓冲剂。当高产奶牛饲喂高精料日粮时，或玉米青贮、啤酒糟等饲料，使奶牛瘤胃酸度增加、乳脂率下降。缓冲剂主要作用是调节瘤胃酸碱度，增进食欲，保证牛的健康，提高生产性能，并控制乳脂率下降。

（3）双乙酸钠。双乙酸钠是乙酸钠和乙酸的复合物，是一种新型多功能饲料添加剂。对于产量高的奶牛，为了使牛体内保持充足的能量，减少牛对粗饲料的进食，通常添加双乙酸钠可以提高牛奶中乳脂肪的含量。目前在奶牛生产中应用效果较好，通常添加量为每天每头40～100克。另外双乙酸钠用于青贮饲料，有抑制霉菌生长和防腐保鲜的作用。因为双乙酸钠同时含有乙酸钠和乙酸的成分，经试验表明其饲喂效果优于乙酸钠。

（4）酶制剂。牛用的主要是纤维素降解酶类和复合粗酶制剂。复合酶制剂含有各种纤维素酶、淀粉酶、蛋白酶等，可提高奶牛生产性能。

另外还有中草药饲料添加剂、抗生素添加剂等。

（5）复合益生菌添加剂。复合益生菌产品中含有多种微生物活菌，通过这样的菌种可以帮助牛体内系统建立平衡，促使牛对每天摄食的营养成分完全吸收，益生菌发酵产生的物质也可以帮助粗纤维的消化和利用。长期使用此类饲料添加剂，还可以提高牛的免疫力，增强免疫功能。

三、牛犊的精细化饲养

牛犊是指出生至断奶阶段的牛。刚出生的牛犊生理机能发育不成熟，身体体能还不充足，抵抗力低，容易受到环境细菌的感染。身体各器官正处于发育的阶段。单方面来看在饲养牛犊的过程中，此阶段的牛犊身体各器官系统正在发育完善、身体机能急剧变化的时段，可塑性大。因此，牛犊的饲养是养牛生产的第一步，提高牛犊成活率，培养健康的牛犊群，给育成期牛的生长发育打下良好基础，加强牛犊培育是提高牛群质量、创建高生产性能牛群的重要环节。

（一）新生牛犊的饲养管理

牛犊出生后7～10天内称初生期，此期间的牛犊由于身体各系统还不完善，身体调节抵抗能力低，适应环境能力差，自身机体的抵抗病毒免疫力低，在此期间的饲养阶段，要格外注重牛犊的日常生活习惯，确保牛犊生存发育。初生牛犊的护理主要包括清除口、鼻及体表的黏液，剥去软蹄、断脐、称重、编号和哺喂初乳等。

（二）哺乳期牛犊的饲养

1.常乳饲喂

乳用牛犊在初乳期过后，即可从产房转入牛犊舍，开始哺喂常乳。由于刚出生不久的牛犊自身的消化系统还不完善，牛又是反刍性动物，为了保证牛犊身体的营养需求，3～4周龄以前牛犊必须喂养液体饲料，有利于此阶段的牛犊消化吸收，确保体能营养充足，一般常乳喂量为体重的8%～12%。

为实现牛犊早期断奶，节约商品乳，降低牛犊哺育成本，目前国内比较先进的奶牛场，将牛犊哺乳期定为45～60天，哺乳量为200～250千克。哺乳期为45天，哺乳量为210千克的哺乳方案见表4–3。

表4–3　牛犊哺乳方案

牛犊日龄（天）	日喂奶量（千克）	饲喂段奶量（千克）
0～5（初乳）	6.0	30.0
6～20（常乳）	6.0	90.0
21～30（常乳）	4.5	45.0
31～45（常乳）	3.0	45.0
0～45	—	210.0

除了在整个哺乳期都饲喂常乳外，为了节约饲养成本，可从10～15天以后饲养阶段，不断减少牛犊的哺乳量，为了方便后期的断乳阶段，并将喂养的母乳替换为食用混合乳或仿制乳品，直到牛犊后期完全断乳。

2.早期饲喂植物性饲料

为满足牛犊的营养需要，促进瘤胃和消化腺的发育，需要早期训练牛犊采食各种饲料，以加强牛犊消化器官的锻炼。

（1）喂食精料。在牛犊10～15天时，开始诱食、调教，初期在牛犊喂完奶后用少量精料涂抹在其鼻镜和嘴唇上，或撒少许于奶桶上任其舔食，使牛犊形成采食精料的习惯。

表4-4 牛犊混合精料配方 （%）

饲料种类	配方1	配方2
玉米（%）	37.0	41.0
高粱	10.0	10.0
大麦	10.0	—
糠麸类	15.0	20.0
饼粕类	24.0	20.0
骨粉或磷酸氢钙	2.0	2.0
食盐	1.0	1.0
维生素A（国际单位/千克）	3800	3800
维生素D（国际单位/千克）	600	600
微量元素添加剂	1.0	1.0

（2）饲喂青干草。从1周龄开始，在牛栏的草架内添入优质干草（如豆科青干草等），训练牛犊自由采食，以促进瘤网胃发育，并防止舔食异物。

（3）饲喂青绿多汁饲料。青绿多汁饲料如胡萝卜、甜菜等，牛犊生长发育到20天以后，由于牛犊前期消化系统还不完善，此阶段开始进行补喂，可以促进牛犊的消化器官发育，增加牛犊自身的抵抗力。前期日常喂养19克，喂养到2月龄阶段可以增加喂养量，每天喂养1.1～1.5千克，生长到3月龄时期每天喂养2.1～3.1千克。饲料喂养阶段从牛犊2月龄大小可以开始喂养青贮饲料，日常喂食100～150克，3月龄时1.5～2.0千克，4～6月龄时4～5千克。饲养时禁止喂养变质、酸臭、腐烂的青贮饲料，必须确保饲料的安全性，以免下痢。

（4）青贮饲料。从牛犊2月龄时开始喂给青贮饲料，最初每天每头100～150克，3月龄时可喂到1.5～2.0千克，4～6月龄时增至4～5千克。

（三）牛犊的断奶

通过长期养殖研究发现，前期牛犊出生到断奶阶段，长时间喂养乳制品不利于牛犊身体器官的发育，没有促进自身的消化系统完善，并且这样长期喂养乳品，会增加养殖成本，减少经济收入。长期喂养哺乳量大的牛犊体型身肥体胖，但是腹部窄小，体重增加慢，产肉量低，肉质口感差，后期喂养中进食量减少。所以目前生产中，一般全期哺乳量控制在250～350千克，喂乳期45～60天，牛犊全期平均日增重670～700克，6月龄体重可达到160～165千克。具体饲养方案可参考表4–5。

表4–5　350千克喂奶量（60天断奶）牛犊饲养方案

日龄（天）	日喂奶量（千克/头）	牛犊料［千克/（头·日）］	粗料［千克/（头·日）］
0～30	6	0.1	0.1
31～50	6	0.2	0.25
51～60	5	0.4	0.45
61～90	—	1.5	1.5
91～180	—	2	2.5

四、牛场的建设

（一）牛场场地的选择

1.牛场场地的基本要求

第一，满足基本的生产需要。包括饲料、水电、供热燃料和交通等；第二，足够大的面积。用于建设牛舍，贮存饲料，堆放垫草，控制风雪和径流，扩建。能消纳和利用粪便的土地；第三，适宜的周边环境。包括地形和排污，自然遮护，与居民区和周边单位保持足够的距离和事宜的风向。

2.场址选择的主要因素

（1）地形地势。养牛场地应当地势高燥，地势向阳背风、排水良好。地下水位要在2米以下，或建筑物地基深度0.5米以下为宜。地面应平坦稍有缓坡，一般坡度在1%～3%为宜，以利排水。山区建场，应选在稍平缓坡上，坡面向阳，总坡度不超过25%，建筑区坡度2.5%以内。地形应尽量开阔整齐，不要过于狭长或边角过多，这样在饲养管理时比较方便，能提高生产效率。

（2）地理位置。选择场址要求交通便利，考虑物资需求和产品供销，应保证交通方便。场外应通有公路，但不应与主要交通线路交叉。场址应尽可能接近饲料产地和加工地，靠近产品销售地，确保有合理的运输半径。一般牛场与公路主干线距离不小于500米。

（3）周围疫情。为确保防疫卫生要求，避免噪声对健康和生产性能的影响。为防止被污染，牛场与各种化工厂、畜禽产品加工厂等的距离应不小于1500米，而且不应将养牛场设在这些工厂的下风向。远离其他养殖场。大型畜禽场之间应不少于1000～1500米。远离人口密集区，与居民点有1000～3000米以上的距离，并应处在居民点的下风向和居民水源的下游。

（4）水电供应。靠近输电线路，以尽量缩短新线铺设距离，并且最好有双路供电的条件。尽量靠近集中式供水系统（城市自来水）和邮电通讯等公用设施，以便于保障供水质量及对外联系。

牛场要有可靠的水源。水量充足，要求能满足生产、灌溉用水，场内人员生活用水，牛饮用和生产用水以及消防用水等。水质良好，水质要求无色、无味、无臭，透明度好。水的化学性状需了解水的酸碱度、硬度、有无污染源和有害物质等。

（5）气候因素。调查了解当地气候气象资料，如气温、风力、风向及灾害性天气的情况，作为牛场建设和设计的参考。

（6）牛场用地。牛场占地面积：可根据拟建牛场的性质和规模确定场地面积。奶牛场（100～400头成乳牛），按每头占地160～180平方米，肉牛场（年出栏育肥牛1万头），按每头占地16～20平方米（按年出栏量计），确定场地面积时应本着节约用地、不占或少占农田为原则。

（二）牛场分类

在养殖区域内，通常将牛场分为：奶牛场、肉牛场和种公牛场三种场地。奶牛场，主要饲养高产奶牛，以供应牛奶为主。肉牛场，主要饲养高产肉牛品种和品系，以提供优质牛肉为主。种公牛场，主要饲养优良种公牛，以为奶牛场和肉牛场提供优质的精液为主。

（三）饲养方式

1.全舍饲养

奶牛全年舍内饲养，场内有生产性和辅助性配套建筑。适用于城市近郊区和农区没有饲料基地的奶牛场。

2.常年放牧饲养

通常奶牛以放牧方式进行养殖，仅在挤奶的时候进行一定的补饲。此种饲养方式可以有效利用天然牧草资源，减少经济投资，增加养殖收入。但管理比较粗放，产奶量比较低。在我国的牧区和半牧区主要以此方法养殖（图4–5）。

图4-5　放牧的牛群

（四）粪污处理及环境保护

1.无害化利用模式

（1）自然发酵。包括厌氧堆肥发酵和好氧堆肥发酵，厌氧发酵是指在无氧的条件下，进行粪便的自然发酵，借助厌氧微生物的分解作用。好氧发酵指的是有氧条件下，借助好氧微生物的分解作用，将粪便进行自然分解为有机物质。液体粪污，在氧化池坑进行自然发酵后直接流入到田地里充肥。

（2）沼气处理。将畜禽的粪尿等杂物进行前处理后，将其倾倒在厌氧反应容器内，经过厌氧微生物分解后产生沼气、沼渣和沼液。产生的沼气可以有效利用到发电做饭，减少资源浪费，保护环境。

2.污染治理方法

（1）雨污分流。养殖场的排水系统应按照雨水和污水分开处理进行建设，养殖场内外设置污水收集输送系统，雨水收集后直接排放到水渠里，畜禽的污水杂质需要流入到沼气池或化粪池进行微生物化处理。

（2）粪污处理。养殖场还要设置有固定的储粪池，并且其必须设置在风向的下风向或侧风向，减少风向下游的空气污染。采取有效的防渗防漏防雨措施，防止周边环境的污染。池内还可以倒入切碎的稻草和发酵菌等微生物进行发酵处理或有机肥处理。

五、秸秆的综合利用

秸秆指的是农作物收获后晒干的茎秆、枯叶，是农村马驴骡的主要饲草来源。常用的有谷草、玉米秸、小麦秸、大麦秸、稻草、豆秸等。

秸秆中粗纤维含量高，可达30%～45%，其中木质素多，一般为

6%～12%。可发酵氮源和过瘤胃蛋白质含量过低，有的几乎等于零。秸秆类粗饲料养分少，质地粗硬，营养价值较低。单独饲喂秸秆时，牛瘤胃中微生物生长繁殖受阻，影响饲料的发酵，不能给牛提供必需的微生物蛋白质和挥发性脂肪酸，难以满足牛对能量和蛋白质的需要。秸秆中无氮浸出物含量低，此外还缺乏一些必需的微量元素，并且利用率很低。除维生素D外，其他维生素也很缺乏。因此，在养牛业中，秸秆只能作为其他粗饲料的补充。如果完全依赖秸秆作为粗饲料，牛的生产水平不能正常发挥。

该类粗饲料虽然营养价值很低，但在我国资源丰富，如果采取适当的补饲措施，并结合适当的加工处理，如氨化、碱化及生物处理等，能提高牛对秸秆的消化利用率。

（1）谷草。我国北方饲喂牛的主要饲草。谷草含蛋白质比其他秸秆多，也比较松软、味甜、性温。但缺点是钙含量少，蛋白质也较少。如饲喂种公畜和繁殖母畜时，最好补充些苜蓿草、豆荚皮子、花生秧等。将谷草铡成3厘米左右，筛净土后饲喂。

（2）稻草。我国南方饲喂牛的主要饲草。营养特性与谷草相近。喂前要铡短，最好用清水淘洗干净。长期单饲稻草要注意补充钙。

（3）玉米秸。玉米秸性温、味甜、有清香味，但较粗硬。饲喂时铡成2厘米左右长，如能粉碎效果更好。将谷草和玉米秸搭配饲喂也是好方法。

（4）麦秸。有大麦秸和小麦秸，是我国北方农区饲喂牲畜的饲草。一般麦秸较粗硬，适口性差，最好掺入谷草，或用苜蓿草、糠麸等拌和饲喂。

（5）豆秸和豆荚皮。豆秸秆是冬季饲喂牛的好饲草。味甜、性温、含粗蛋白质和钙很丰富。用豆秸或豆荚皮饲喂牛时，牲畜喝水多，加之这些饲料在牲畜肠道中分解产生气体，容易造成臌胀。所以，最好掺一些谷草或稻草、麦秸饲喂。同时，要注意供给充足的饮水，经常供给食盐。

农作物秸秆的有效利用可以减少养殖业的饲料成本，增加养殖业的生产收入，减少能量流失，使种植业和养殖业紧密结合，提高农作秸秆的利用率。秸秆有效的合理利用，还可以降低焚烧秸秆造成的环境污染问题，保护生态环境，有效利用生态资源。通过秸秆养殖，可以构建一条“粮食生产——秸秆养殖——粪便生成有机肥—粮食增收”的良性循环线路，极大改善农村环境问题，对建设资源节约型、环境友好型的绿色社会具有重要意义。

第二节　羊的生态养殖技术

一、羊的品种

家养绵羊、山羊是根据人类的需要，有目的、有计划地进行驯化和培育而成。到21世纪初，全世界培育出主要绵羊品种约629个，主要山羊品种150多个。

（一）绵羊、山羊的品种分类

1.根据主要生产方向划分绵羊品种

（1）细毛羊。如澳洲美利奴羊、南非美利奴羊、波尔华斯羊、高加索细毛羊、中国美利奴细毛羊和新疆细毛羊等。

（2）肉用羊。如罗姆尼羊、边区来斯特羊、无角陶赛特羊、萨福克羊、特克塞尔羊、夏洛来羊、波德代羊、杜泊羊和考力代羊等。

（3）粗毛羊。如蒙古羊、西藏羊、哈萨克羊等。

（4）肉脂兼用羊。如阿勒泰羊、多浪羊、吉萨尔羊等。

（5）裘皮羊。如滩羊、贵德黑裘皮羊、罗曼诺夫羊等。

（6）羔皮羊。如湖羊、卡拉库尔羊等。

（7）乳用羊。如东佛里生羊等。

2.根据主要生产方向划分山羊品种

（1）绒用山羊。如内蒙古白绒山羊、辽宁绒山羊、开司米山羊等。

（2）毛皮山羊。如中卫山羊、济宁青山羊等。

（3）肉用山羊。如波尔山羊、南江黄羊、马头山羊等。

（4）毛用山羊。如安哥拉山羊、苏维埃毛用山羊等。

（5）产奶山羊。如萨能山羊、吐根堡山羊、关中奶山羊等。

（6）普通山羊。如太行山羊、黄淮山羊、建昌黑山羊、新疆山羊等。

（二）我国绵羊的主要品种

1.新疆细毛羊

1954年育成于新疆维吾尔自治区巩乃斯种羊场，是我国育成的第一个细毛羊品种。以伊犁、塔城、博尔塔拉、石河子、乌鲁木齐等地最为集中。新疆细毛羊体质结实，结构匀称，体躯深长。

公羊大多数有螺旋形角，母羊无角。体躯无褶，皮肤宽松。胸部宽深，背宽平，腹线平直，后躯丰满。四肢粗壮，蹄质坚实。毛被白色，有些个体的眼圈、耳、唇、部分皮肤有小的黑斑。毛被属同质毛，闭合性良好。呈毛丛结构。新疆细毛羊为毛肉兼用型地方细毛羊良种，繁殖力高、生产力高、抗逆性好。羊毛白色或乳白色者占6.0%以上，羊毛含脂率15%～16%。成年公羊体重88.0千克，成年母羊体重48.6千克；剪毛量公羊11.57千克，母羊5.24千克，羊毛细度64支，羊毛长7.2～9.4厘米，屠宰率48.1%～51.5%。

2.中国美利奴羊

中国美利奴羊是由内蒙古、新疆、吉林等地，以澳洲美利奴公羊与波尔华斯羊、新疆细毛羊和军垦细毛羊母羊通过杂交培育而成，是我国目前最好的细毛羊品种。现内蒙古、辽宁、河北、山东等省区均有饲养。中国美利奴羊体质结实，体型呈长方形。

公羊有螺旋形角；母羊无角，鬐甲宽平，后躯丰满，臁部皮肤宽松。四肢结实，肢势端正。毛被呈毛丛结构，闭合性良好。全身被毛有明显大、中弯曲，腹部着生良好，毛密长，毛被白色。成年公羊体重91.8千克，成年母羊体重43.1千克；剪毛量公羊16～18千克，母羊6.41千克，羊毛细度64支，羊毛长9～12厘米，屠宰率50.0%以上。

3.蒙古羊

主产于内蒙古自治区，现在我国华北、东北和西北地区也开始养殖。西北各地均有分布，可分牧区型和农区型，是我国三大粗毛羊品种之一。蒙古羊体质结实，骨骼健壮。头形略显狭长，鼻梁隆起，耳大不下垂，公羊多有角，母羊多无角。颈长短适中。胸深、肋骨不够开张，背腰平直，体躯稍长。四肢细长而强健。短脂尾，尾长一般大于尾宽。体躯被毛多为白色。头颈四肢有黑色、褐色斑点。

在内蒙古中部地区的成年蒙古羊，体重平均成年公羊为69.7千克、成年母羊为54.2千克；分布在甘肃省河西地区的，成年公羊平均为47.40千克、成年母羊为35.50千克。剪毛量，成年公羊为1.5～2.2千克，成年母羊为1.0～1.8千克，净毛率77.3%。屠宰率为50%左右。每年一般产羔一次，双羔率3%～5%。

4.乌珠穆沁羊

主产于内蒙古自治区锡林郭勒盟东部的乌珠穆沁草原，主要分布于内蒙古东、西乌珠穆沁旗及阿巴哈纳尔旗部分地区。乌珠穆沁羊属短脂尾羊。体质结实，体格较大，体躯宽而深，胸围较大，背腰宽平，体躯较长。后躯发育良好。头大小中等，额稍宽，公羊有角或无角，母羊多无角，颈中等长，四肢粗壮，尾肥长，毛色以黑头居多，约占62%。

成年公羊体重为74千克，母羊为58千克。公羊春毛剪毛量为1.87千克，母羊为1.45千克。净毛率72.3%。成年羯羊屠宰率为53.6%。产羔率100%。

5.湖羊

主要产于浙江和江苏的部分地区。湖羊主要分布于苏南的吴江、吴县、太仓、武进等县、市。湖羊头狭长，鼻梁隆起，眼大突出，耳大下垂，公、母羊均无角。颈细长，背平直，体躯长，胸部狭窄，腹毛少，后躯较高。四肢纤细。脂尾呈扁圆形，尾尖上翘。体躯被毛白色，个别羊眼睑或四肢下端有黑色或黄、褐色斑点。

成年公羊体重为48.7千克，母羊为36.5千克。公羊剪毛量平均为1.65千克，母羊平均为1.17千克。细毛占80%～90%，两型毛占 0.47%～0.56%，粗毛占9%～19%，干死毛占0.09%～0.17%。成年羊屠宰率40%～50%。产羔率229%。

（三）我国山羊的主要品种

1.中卫山羊

原产于宁夏回族自治区的中卫、中宁、同心、海原及甘肃省的景泰、靖远等县，产区属于半荒漠地带。该品种被毛全白，光泽悦目，体质结实，体格中等大小，体躯短深，近似方形。公母羊大多数有角，公羊角多呈螺旋形的捻状弯曲，向上向后外方伸展。母羊角小，呈镰刀形，向后下方弯曲。

公羊体重为44.6千克，母羊体重为34.1千克。成年公羊产毛量 0.4千克，母羊为0.3千克。公羊产绒量为164～240克，母羊为140～190克。绒毛细度14微米左右。成年羊屠宰率为42%，羔羊为50%。产羔母羊日挤乳0.3千克，泌乳期6个月。

2.马头山羊

主要产于湖北省的郧阳市和恩施市，湖南省常德市。体质结实，结构匀称，体躯呈长方形。头大小适中，公母均无角，两耳向前略下垂。公羊颈较粗短，母羊颈较细长。头颈肩结合良好，前胸发达，背腰平直，后躯发育良好，尻略斜。四肢端正。被毛以白色为主，次为黑色、褐色或杂色。

成年公羊体重约为43.8千克，母羊体重约为33.7千克，羯羊体重约为47.4千克。幼龄羊生长发育快，一岁羯羊体重可达成年羯羊的73%。在放牧情况下成年羯羊屠宰率为62.6%，7月龄羊为52%。产羔母羊日产奶为1～1.5千克。产羔率为191%～200%。

二、羊的饲料与营养需求

（一）能量需要

能量的作用是供给羊体内部器官正常活动、维持羊的日常生命活动和体温。饲粮的能量水平是影响生产力的重要因素之一。能量不足，会导致幼龄羊生长缓慢，母羊繁殖率下降，泌乳期缩短，生产力下降，羊毛生长缓慢、毛纤维直径变细等。能量过高，对生产和健康一样不利。

（二）蛋白质需要

蛋白质是含氮的有机化合物，它包括纯蛋白质和氨化物，总称为粗蛋白质。氨基酸是合成蛋白质的单位，构成蛋白质的氨基酸有20余种。

蛋白质是重要的营养物质，它是组成体内组织、器官的重要物质。蛋白质可以代替碳水化合物和脂肪产生热能，也是修补体组织的必需物质。

饲料中的蛋白质进入羊的瘤胃后，大多数被微生物利用，组成菌体蛋白，然后与未被消化的蛋白质一同进入真胃和小肠，由酶分解成各种必需氨基酸和非必需氨基酸，被消化道吸收利用。

（三）矿物质需要

羊正常营养需要多种矿物质，它是体组织、细胞、骨骼和体液的重要成分，并参与体内各种代谢过程。根据矿物质占羊体的比例，分为常量元素（0.01%以上）和微量元素（0.01%以下）：常量元素有钙、磷、钠、钾、氯、镁、硫等；微量元素有铜、钴、铁、碘、锰、锌、硒、钼等。

（四）维生素需要

维生素是具有高度生物活性的低分子有机化合物，其功能是控制、调节有机体的物质代谢，维生素供应不足可引起体内营养物质代谢紊乱。

维生素分为脂溶性维生素和水溶性维生素两大类。脂溶性维生素可溶于脂肪，羊体内有一定的贮存，包括维生素A、维生素D、维生素E、维生素K四种。水溶性维生素可溶于水，体内不能贮存，必须由日粮中经常供给，包括维生素C和B族维生素。羊体内可以合成维生素C，羊瘤胃微生物可合成B族维生素和维生素 K，一般情况下不需要补充。因此，在养羊生产中一般较重视维生素A、维生素D和维生素E。

在羔羊阶段由于瘤胃微生物区系尚未建立，无法合成维生素D和维生素K，所以需由饲粮中提供。

（五）水的需要

水是羊体器官、组织和体液的主要成分，约占体重的一半。水是羊体内的主要溶剂，各种营养物质在体内的消化、吸收、运输及代谢等一系列生理活动都需要水。水对体温调节也有重要作用，尤其是在环境温度较高时，通过水的蒸发，保持体温恒定。

（六）常用饲料

1.青绿饲料

青绿饲料指天然水分含量高于60%的饲料，主要包括天然和人工栽培的牧草、青饲作物、叶菜类、树枝树叶、水生饲料等。

2.粗饲料

粗饲料又叫粗料，指含能量低、粗纤维含量高（约占干物质20%以上）的植物性饲料，如干草、秸秆和秕壳等。这类饲料的体积大、消化率低，但资源丰富，是羊主要的补饲饲料。这类饲料一般容积大、粗纤维多、可消化养分少、营养价值低。

3.能量饲料

能量饲料是指在干物质中粗纤维含量低于18%、粗蛋白质含量低于20%的一类饲料。主要包括禾谷类籽实、糠麸类、块根块茎类等。

4.蛋白质饲料

蛋白质饲料是指干物质中粗蛋白质含量在20%以上、粗纤维含量在18%以下的一类饲料。主要包括植物性蛋白质饲料和动物性蛋白质饲料。

5.矿物质饲料

矿物质饲料属于无机物饲料。羊体所需要的多种矿物质从植物性饲料中不能得到满足，需要补充。常用的矿物质补充饲料有：食盐、石粉、贝壳粉和磷酸氢钙、镁补充饲料、硫补充饲料等。

6.饲料添加剂

（1）微量元素添加剂。饲料中微量元素的含量取决于植物种类和生长条件（土壤、肥料、气候），所以各地微量元素缺乏程度不尽一致，需要有针对性地补充。微量元素可用化学纯制剂补充。在日粮中，由于添加量很少，每吨饲料为1～9克，因此必须混合均匀，使用时必须干燥。

（2）维生素添加剂。放牧绵羊、山羊在夏、秋季节，一般不会出现维生素缺乏症。但在冬、春枯草期，常会出现维生素不足。对配种季节的种公羊、枯草期的妊娠母羊和幼龄羊都需要添加维生素。目前，常用的维生素添加剂有维生素A、维生素D、维生素E、维生素K、维生素B_1、维生素B_2、维生素B_6、维生素PP、氯化胆碱、泛酸钙、叶酸和生物素等。

（3）氨基酸。目前广泛用作饲料添加剂的是赖氨酸与蛋氨酸。羊有瘤胃的维生素作用，除幼龄羔羊外，一般情况下不需专门补给这类氨基酸。

三、羊的饲养管理

（一）饲料经过调制后，搭配饲喂

将不同的原料经洗净、切碎、煮熟、调匀、晒干后进行必要的加工调剂再饲喂，以提高羊的食欲，促进消化，提高适口性。并按羊的采食性、消化特点和饲料的品种、特性等选用多种原料，加强营养互补，防止偏食和营养缺失。

（二）按一定顺序饲喂

先喂粗料后喂精料，即按粗饲料—青饲料—精饲料—多汁饲料的顺序饲喂，少喂勤添，让羊一次吃饱即可。

（三）按不同羊群性质分别饲喂

将羊分为普通羊群、杂交羊群、公羊群、母羊群、公羔群、母羔群、青年公羊群、青年母羊群等，按照不同年龄、性别、生理时期的需要饲喂相应的饲料，提高饲料的利用率。

（四）定时、定量、定质饲喂

每次饲喂时间固定，以有利于羊形成良好的反射条件，有利于羊规律性地采食、反刍和休息。饲料的饲喂量在一定时间内相对稳定，不可时多时少，在满足羊的营养需要的情况下，避免浪费。饲料要新鲜、清洁、保证质量，不喂腐烂、霉变的饲料和饲草。

（五）精心饲喂

养殖过程中需要不断观察羊的日常行为，如日常进食量、粪便颜色和气味、身体状况、声音大小等，以便了解羊的健康状况，一旦发现异常，及时采取措施。

四、羊的繁殖技术

（一）选择适合的配种时期

羊配种时期的选择，根据什么时期产羔最有利羔羊成活和母仔健壮，结合所在地区的气候和生产技术条件来决定。一年产羔一次，产羔时间可分冬羔和春羔。一般7—9月配种，12月至翌年1—2月产羔叫冬季产羔；在10—12月配种，第二年3—5月产羔叫产春羔。

产冬羔时母羊在怀孕期的营养条件比较好，羔羊初生重较大，羔羊断奶以后能吃上青草，生长发育快，羔羊成活率较高。冬季产羔须备有足够的饲草饲料和有保温羊舍。

产春羔母羊整个怀孕期处在冬季，饲草饲料不足，母羊营养不良，胎儿的个体发育不好，初生重比较小，体质弱。春羔断奶时是伙季，对断奶后母羊的抓膘和母羊的发情配种有影响。

（二）羊的配种方法

1.自然交配

自然交配又称自由交配或本交。将公羊与母羊混群放牧饲养，由公羊与发情母羊自行交配，不加限制，是一种原始的配种方法。自然交配的羊群容易产生乱配现象。公羊在一天中追逐母羊交配，影响羊群的采食抓膘，公羊的精力消耗大。虽然受胎率不低，但不能确定产羔日期，无法了解后代的血缘关系；不能进行有效地选种选配。优点是节省人力和设备。

2.人工授精

通过人为的方法，将公羊的精液输入母羊的生殖器内，使卵子受精以繁殖后代。是当前我国养羊业中常用的技术措施。

采用人工授精，输精量少、精液可以稀释，公羊的一次射精量，一般可供几只或几十只母羊的人工授精用，可扩大优良公羊的利用率。人工授精将精液完全输送到母羊的子宫颈或子宫颈口，增加了精子与卵子结合的机会，提高母羊的受胎率。节省购买和饲养大量种公羊的费用。人工授精时公母羊不直接接触，器械严格消毒，减少疾病传染的机会。

（三）羊繁殖的新技术

1.同期发情

同期发情是利用某些激素制剂，人为地控制并调整一群母畜的发情周期，使它们在特定的时间内集中表现发情，以便于组织配种，扩大对优秀种公羊的利用，同期发情也是胚胎移植中重要的环节，使供体和受体发情同期化，利于胚胎移植的成功。

2.诱导双羔

通过遗传选择、注射生殖激素、营养调控及胚胎移植等途径，人为地使绵羊或山羊产双羔或多羔，这样就可以大幅提高母羊的繁殖力，提高养羊业的经济效益。如王风瑞等报道，他们在1993—1994年，用“新八一”绵羊双羔素（主要成分为FSH·LRH、LH·hCG等），试验绵羊1685只，产羔率达148.13%，比当地羊提高52.63%。李金林等（1993）用“新八一”双羔素，对287只沂蒙黑山羊进行试验，双羔率达29.8%，比对照组4.9%提高24.9个百分点；我国甘肃、新疆等地应用澳大利 Fecundin（雌烯二酮抗原）主动免疫绵羊，双羔率和产羔率分别提高18%~27%和20%~25%；郭志勤等（1992）对绵羊胚胎进行分割，给23只受体母羊成对移植，结果13只妊娠，移植妊娠率为56.5%，其中双羔率为54.6%。

五、羊场的建设

（一）羊场规划设计原则

（1）羊适合放牧群养，羊场周围必须具有适于放牧的草地，其草质和产量应能满足规模生产及羊场发展。

（2）有良好水源，并有专用饮水场地。

（3）当地历史上未发生过家畜烈性传染病和寄生虫病。

（4）羊舍建筑建在开阔高燥位置，舍周围有一定面积供羊群活动和作为补充饲料场地。

（5）羊场应有剪毛、挤奶、药浴等专用设施和建筑。

（6）场区与放牧场距离适当，并有专用牧道。

（二）羊舍场址选择

第一，地势高燥、平坦、向阳。羊舍场地应当地势高燥，地势向阳背风、排水良好。地下水位要在2米以下。或建筑物地基深度0.5米以下为宜。地面应平坦稍有缓坡，一般坡度在1%～3%为宜，以利排水。山区建场，应选在稍平缓坡上，坡面向阳，总坡度不超过25%，建筑区坡度2.5%以内。地形应尽量开阔整齐，不要过于狭长或边角过多，这样在饲养管理时比较方便，能提高生产效率。切忌在低洼涝地、山洪水道、冬季风口建场。

第二，草料水的供应。羊场最好有一定的饲草饲料基地及放牧草地。没有饲草饲料基地及放牧草地的，周围应有丰富的草料供给，以降低饲料外购运输成本。以舍饲为主的地区及集中育肥肉羊产区，应建有充足的饲草料生产基地或充足的饲草料来源。水源供水量充足，能保证场内职工用水、羊饮水和消毒用水等。水质优良，以泉水、溪水、井水和自来水较理想。

第三，交通便利。选择场址要求交通便利，考虑物资需求和产品供销，应保证交通方便。场外应通有公路，但不应与主要交通线路交叉。场址应尽可能接近饲料产地和加工地，靠近产品销售地，确保有合理的运输半径。一般羊场与公路主干线不小于500米。

第四，周围疫情。为防止被污染，羊场与各种化工厂、畜禽产品加工厂等的距离应不小于1500米，而且不应将养羊场设在这些工厂的下风向。远离其他养殖场。与居民点有1000米以上的距离，并应处在居民点的下风向和居民水源的下游。

第五，电力供应。靠近输电线路，以尽量缩短新线铺设距离，并且最好有双路供电的条件。邮电通信方便，以便于保障对外联系。

（三）羊场饲养方式

1.放牧饲养

全年放牧饲养需要足够面积的草原、草地或草山。我国的牧区、半牧半农区、农业区有较大面积的草地或草山，均可采用全年放牧。

2.半牧半舍饲饲养

半牧半舍饲饲养是介于放牧饲养和舍饲饲养两者之间的一种饲养方式，大多是由于放牧地面积不足或牧地草质量较差而采用的。一般是在夏秋季节白天放牧，晚间在场区舍内补饲；冬春两季以舍饲为主。采用这种饲养方式，要求具有较完备的羊舍建筑和设施。

3.舍饲饲养

舍饲饲养全部由人工饲喂，不放牧。只有少数品种（如湖羊）适宜于舍饲；有些羊在某个饲养阶段（如强度育肥期）需要舍饲；有些个体（如育种场的种公羊）需要舍饲。采用舍饲饲养时，羊场应设置运动场，并有完善的羊舍等建筑物及饲养管理设施。

六、羊舍的类型

（一）封闭式羊舍

通常四面有墙、设有前后窗户，由墙、窗户、屋顶等围护结构形成全封闭状态。封闭式羊舍的屋顶一般为双坡式或平屋顶，在屋顶装有通气孔，在前、后窗的基部设进气孔。羊舍的内部布置一般采用头对头双列式饲养，羊床和饲槽都是沿羊舍长轴方向布置，中央为饲喂通道.通道两侧均为饲槽，饲槽后面为羊床，羊床后面为粪尿沟和清粪道，在两侧山墙的中央（正对饲喂通道）留门。在羊舍侧面设运动场，以围栏和羊舍相连。羊舍侧墙下部留羊的出入洞，使羊由出入洞自由进出运动场。在运动场内设凉棚，棚下修建饮水池。舍内饲槽后安装羊颈枷。舍内饲喂通道上方安一排吊灯。

该种羊舍具有良好的保温隔热能力，便于人工控制舍内环境。通风换气、采光依靠门、窗或通风设备。舍内空气中尘埃、微生物含量较舍外高，羊舍通风换气不足时会导致舍内有害气体如氨气、硫化氢等含量高。

（二）半开放式羊合

半开放式羊舍三面有墙，正面全部敞开或有部分墙体，敞开部分通常在南侧，冬季可保证光照照入舍内，夏季只照到屋顶。有墙部分则在冬季起挡风作用。羊舍的开敞部分在冬天可以附设卷帘、塑料薄膜等形成封闭状态，改善舍内小气候。半开放式羊舍较小，如图4–6、图4–7所示。

图4-6 平屋顶半开放式羊舍

图4-7 双坡式半开放式羊舍

半开放式羊舍外围护结构具有一定的防寒防暑能力，冬季可以避免寒流的直接侵袭，防寒能力强于开放舍和棚舍，但舍内温度与舍外差别不是很大。

（三）开放式羊舍

开放式羊舍是一面或四面无墙（棚舍）的羊舍。开放式羊舍结构简单、节省材料、造价低廉、经济实用。开放式羊舍空气流通好、光线充足、圈舍干燥、夏季风凉。其缺点是冬季比较寒冷，羊只冬季在舍内产羔，如不注意保暖和护理，往往容易引起羔羊冻死。开放式羊舍的大小可根据羊群规模而定，大的羊舍可以养200～400只，小的羊舍仅养10～20只。

（四）棚合

棚舍是农村羊舍的一种形式。以单斜式圈舍最为经济实用，棚的前面高2.2～2.5米、后面高1.7～2.0米，棚顶斜面呈25°，羊棚不宜过宽，为4～5米，长度根据羊群和布局而定。

（五）塑料暖棚

北方地区冬季可用塑料暖棚养羊。

第五章　其他经济动物生态养殖技术

随着人们生活水平的不断提高，集约化、工厂化养殖方式生产出来的产品，口感风味、肉蛋品质均较差，不能满足广大消费者的消费需求，而农村一家一户少量饲养的不喂全价配合饲料的散养生态畜禽因其产量低、数量少也满足不了消费者的对生态畜禽产品的消费需求，因而现代生态养殖应运而生。

第一节　兔的生态养殖技术

一、兔的起源和驯化

家兔在动物分类学上的分类地位：动物界、脊索动物门、脊椎动物亚门、哺乳纲、兔形目、兔科、兔亚科、穴兔属、穴兔种、家兔变种。

人们现在饲养的各种家兔，都是由野兔驯化和培育而来的。动物分类学将野兔分为两类：一类为穴兔；另一类为旷兔，或称兔类。一般认为世界上所有家兔品种都起源于欧洲的野生穴兔。

欧洲野生穴兔演变成家兔，经历了一个漫长的驯化过程，但对家兔具体的驯化时间和地点很难进行确切判断。穴兔分布很广，家养条件下易于繁殖，而且具有特殊的生物学特性，因此，家兔驯化的历史应比能得到的文字资料记载早得多，而且不同地区驯化的历史有所不同。

中国是驯化兔最早的国家之一，比欧洲要早得多。相关研究表明，中国在先秦时代即已养兔。先秦时代为公元前221年至前206年，距今有2200多年的历史，中国驯化兔的时间比欧洲要早1000多年。达尔文也承认中国是驯化兔最早的国家之一。

二、兔场地址建设的选择

兔场是养兔生产的场地，对场地的科学选择、规划是养兔生产顺利进行的保证。兔舍是兔生产、活动的主要场所，是养兔生产中最基本的建筑设施。其作用是给兔提供适宜的生产和生活环境，保障兔的健康和生产的正常运行。良好的兔舍及其合理的配套设施，不仅能提高兔的生产性能，防止疫病发生，还能减低生产成本，提高养兔的生产效益。

兔场（舍）的设计、建造和管理的目的，是为兔创造适宜的生产、生活环境，充分发挥兔的生产潜力，提高生产效率和效益。兔场（舍）的建设需从兔的生物特性和行为特点出发，根据不同生长发育阶段的特点，搞好设计和规划。

选择兔场场址应根据兔场的经营方式、生产特点、管理形式及生产的集约化程度等特点，对地形、地势、水源、土质、居民点的配置、交通、电力、物质供应等条件进行全面考虑。

（一）地形地势

兔场应选建在地势较高，干燥平坦、排水良好和向阳背风的地方地面应平坦稍有缓坡，一般坡度在1%～3%为宜，以利排水。地形应尽量开阔整齐，不要过于狭长或边角过多，这样在饲养管理时比较方便，能提高生产效率。

（二）水源和水质

1.水质良好

水质要求无色、无味、无臭，透明度好。水的化学性状需了解水的酸碱度、硬度、有无污染源和有害物质等。有条件则应提取水样做水质的物理、化学和生物污染等方面的化验分析。水源的水质不经过处理或稍加处理就能符合饮用水标准是最理想的。饮用水水质要符合无公害畜禽饮用水水质标准，如表5-1所示。

表5-1　畜禽饮用水水质标准

项目		标准值
感官性状及一般化学指标	色（°）	色度不超过30
	混浊度（°）	不超过20
	臭和味	不得有异臭、异味
	肉眼可见物	不得含有
	总硬度（以$CaCO_3$计）	≤1500
	pH值	5.5～9
	溶解性总固体	≤4000
	氯化物（以Cl^-计）	≤1000
	硫酸盐（以SO_4^{2-}计）	≤500
细菌学指标	总大肠菌群（个/100毫升）	≤成年畜10，幼畜1
	氟化物（以F^-计）	≤2.0
	氰化物	≤0.2
	总砷	≤0.2

（续表）

项目		标准值
毒理学指标	总汞	≤0.01
	铅	≤0.1
	铬（六价）	≤0.1
	镉	≤0.05
	硝酸盐（以N计）	≤30

当畜禽饮用水中含有农药时，农药含量不能超过表5-2中的规定。

表5-2　畜禽饮用水中农药限量指标　（毫克/升）

项目	限值
马拉硫磷	0.25
内吸磷	0.03
甲基对硫磷	0.02
对硫磷	0.003
乐果	0.08
林丹	0.004
百菌清	0.01
甲萘威	0.05
2,4-D	0.1

2.水源选择

根据当地的实际情况选用水源，水源周围环境条件应较好。以地面水作为水源时，取水点应设在工矿企业的上游。

自来水和深层地下水是最好水源。场区附近如有地方自来水公司供水系统，可以尽量引用，但需要了解水量能否保证。也可以在兔场建设的选址处周边选取工业上游合适位置凿井取水。

（三）供电交通

兔场要求交通便利，考虑物资需求和产品供销，应保证交通方便。场外应通有公路，但不应与主要交通线路交叉。场址应尽可能接近饲料产地和加工地，靠近产品销售地，确保有合理的运输半径。为确保防疫卫生要求，要避免噪声对健康和生产性能的影响。

（1）兔胆小、怕惊，兔场应选建在比较安静、可以避免噪声影响的地方。不能靠近公路、铁路、采石场等。

（2）各种化工厂及畜禽产品加工厂距离。为防止被污染，兔场不应建在各种化工厂、屠宰场、畜禽产品加工厂、制革厂等容易产生环境污染企业的附近，而且不应将兔场设在这些工厂的下风向。

（3）与其他养殖场距离。为防止疾病的传播，兔场与其他畜禽场之间的距离一般不少于500米。

（4）兔场与附近居民点的距离。最好远离人口密集区，与居民点有1000米以上的距离，并应处在居民点的下风向和居民水源的下游。有些要求较高的地区，如水源一级保护区、旅游区等，则不允许选建兔场。

（5）交通运输。选择场址时既要考虑到交通方便，又要为了卫生防疫使兔场与交通干线保持适当的距离。兔场与主要公路的距离至少要在300～400米。国道（省际公路）500米，省道、区际公路200～300米；一般道路50～100米（有围墙时可减小到50米）。

（6）与电力、供水及通信设施关系。兔场要靠近输电线路，以尽量缩短新线铺设距离，并最好有双路供电的条件。如无此条件，兔场要有自备电源以保证场内稳定的电力供应。另外，使兔场尽量靠近集中式供水系统（城市自来水）和邮电通信等公用设施，以便于保障供水质量及对外联系。

（四）兔场用地

兔场占地面积要根据家兔的生产方向、饲养规模、饲养管理方式和集约化程度等因素确定。在设计时，既应考虑满足生产、节约用地，又要为今后发展留有余地。一般每饲养一只基础母兔需占地0.8平方米，如养500只基础母兔，约可占地2700平方米。

三、兔场的分区规划、布局

舍内养兔密度较大，伴随排泄物的产生及变化（特别是腐败分解），会产生大量的水气、有害气体、灰尘、微生物等，增加了兔舍环境控制的复杂性。一个结构完整的养兔场，按生产功能可分为生活管理区（生活区、辅助生产区）生产区、隔离区等如图5–1所示。

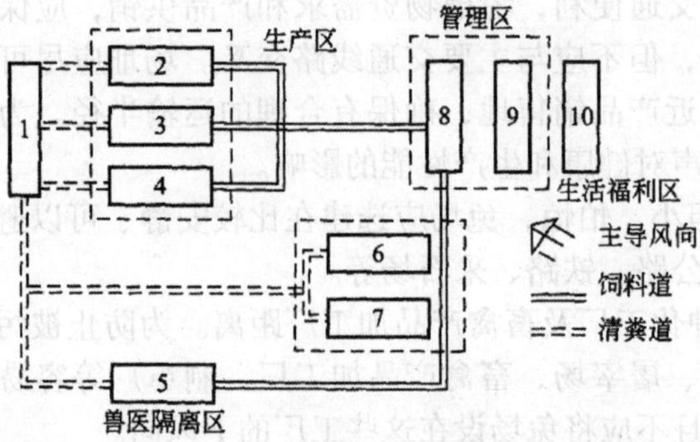

1. 粪便处理；2. 幼兔舍；3. 育成舍；4. 繁殖舍；5. 病兔舍；
6. 公兔舍；7. 母兔舍；8. 饲料加工；9. 料库；10. 办公生活区

图5–1 兔场建设布局

（一）生活区

生产区与社会联系频繁，应处在对外联系方便的位置，安排在兔场一角，并设围墙与生产区分隔开。主要包括办公室、职工宿舍、门卫室等，外来人员更衣消毒室和车辆消毒设施等。生活管理区应在靠近场区大门内侧集中布置。人员生活和办公的生活区应占场区的上风向和地势较高的地段（地势和风向不一致时，以风向为主）。大门前设车辆消毒池。场外的车辆只能在生活区活动，不能进入生产区。

（二）生产区

生产区是兔场的核心。包括各种兔舍和饲料加工和贮存的建筑物。建筑物包括种兔舍（种公兔舍和种母兔舍）、繁殖兔舍、育成兔舍、幼兔舍或育肥兔舍。优良种公、母兔舍应放在僻静的地方，处于兔场的上风向。繁殖舍要靠近育成舍，以便兔群周转。幼兔舍和育成兔舍应放在空气新鲜、疫病较少的位置，育肥舍应靠近兔场一侧的出口处，以便出售种兔及商品兔。禁止一切外来车辆与人员进入生产区。生产区应该处在生活区的下风向和地势较低处。

在生产区的入口处，应设专门的消毒间或消毒池，以便进入生产区的人员和车辆进行严格的消毒。饲料加工、贮存的房舍处在生产区上风处和地势较高的地方，同时距兔舍较近的位置。由于防火的需要，干草和垫草堆放的位置必须处在生产区下风向，与其他建筑物保持60米的卫生间距。

（三）隔离区

兽医室、病兔的隔离、病死兔的尸坑、粪污的存放、处理等属于隔离区，应在场区的最下风向，地势最低的位置。并与兔舍保持300米以上的卫生间距。场地有相应的排污、排水沟及污、粪水集中处理设施。隔离区的污水和废弃物应该严格控制，防止疫病蔓延和污染环境。

（四）防护设施

养殖场界要划分明确，规模较大的养殖场四周应建较高的围墙或挖深的防疫沟，以防止场外人员及其他动物进入场区。在兔场大门及生产区、兔舍的入口处，应设相应的消毒设施，如车辆消毒池、脚踏消毒槽或喷雾消毒室、更衣换鞋间等。车辆消毒池长应为通过最大车辆周长的1.5倍。

（五）道路

兔场内的道路分人员出人、运输饲料用的清洁道（净道）和运输粪污、病死兔的污物道（污道），净、污分道，互不交叉，出入口分开。主干道连通场外道路。道路应坚实，主干道宽4米，其他道路宽3米。场区内道路纵坡一般控制在2.5%以内。

（六）绿化

绿化不仅美化环境、净化空气，也可以防暑、防寒，改善兔场的小气候，同时还可以减弱噪声。

四、兔场生产工艺

（一）兔场分类与规模

根据生产任务和繁育体系，兔场分为原种场、种兔场和商品兔场。养兔场的规模大致有三种。

1.大中型兔场

这类兔场多为公司投资兴建。基本母兔群为300～500只，每年可供种兔或商品兔6000～10000只。

2.小型兔场

基本母兔群为100～200只，每年可提供种兔或商品兔2000～5000只。场内所生产的仔兔，除留作自身更新和向外供应少量种兔外，大部分都用于生产兔产品。

3.专业户养兔场

基本母兔群大多在100只以下，所生产的仔兔，大部分作为产毛、产皮或产肉之用，一般不向社会提供种兔。

（二）饲养阶段的划分

1.种公兔

供配种繁殖用的雄性种兔，初配年龄为8～9月龄，体重3千克以上，利用年限3～5年。种公兔常年单独饲养。

2.种母兔

专作繁殖仔兔用的雌性种兔，是兔群再生产的基础。初配年龄为7～8月龄，体重2.5千克以上，利用年限3～5年。母兔分空怀期、怀孕期和哺乳期3段饲养。空怀期是从仔兔断奶直至再次怀孕的休产期。如每胎之间休产期10～15天，怀孕期30～32天，泌乳期40～45天，以年产4胎为适宜。

3.仔兔

从出生至断奶的小兔称仔兔。仔兔自出生至12日龄为睡眠期；12日龄至断奶为开眼期；40～45日龄断奶。

4.幼兔

从断奶至3个月龄的小兔称幼兔。

5.青年兔（中兔）

从3月龄至配种阶段的幼兔称青年兔，即3～7月龄。

（三）饲养方式

家兔饲养方式很多，根据品种、年龄、性别以及各地的饲养条件和气候不同，有放养、栅养、窖养、笼养等。

1.栅养

在室内用竹片或小树棍围成栅圈，每圈占地5～6平方米，可养成兔15～20只。栅养适于家庭小规模饲养商品肉兔、毛兔或皮兔，不适于规模化养殖，也不适合饲养种兔。

2.窖养

我国北方地区冬季漫长，气候寒冷，农户可采用地窖养兔。此法节省土地，无须投资；但因窖内比较潮湿，且空气不流通，兔易患病，故一般不宜采用。

3.笼养

将兔单个或小群饲养在笼子里，称为笼养。笼养是较为理想的一种饲养方式，尤其适于饲养小兔、种兔和皮、毛用兔。

（四）兔场的生产技术指标

兔场的生产技术指标如表5-3所示。

表5-3　主要工艺参数

指标	参数	指标	参数
性成熟年龄（月龄）	3～5	年产胎数	4～5
适配年龄（月龄）	7～8	每胎产仔数（只）	6～8
发情周期（天）	4～6	泌乳期（天）	30～40
发情持续时间（天）	9	体高（厘米）	15～42
妊娠期（天）	30～32	体重（千克）	2～6
情期受胎率（%）	55～65	自然交配时公母比例	1：（8～10）
总受胎率（%）	80～85	利用年限（年）	3～5

五、兔舍设计与建筑

兔舍设计，应“以兔为本”，充分考虑兔的生物学特性和行为习性。兔舍选择应满足下几点。

①隔热保温。

②安全措施。

③通风换气、透光。

④有利于消毒及维修操作。

⑤兔舍内要设置排水系统。

⑥有利于防兽害。

⑦不宜过大。

（一）兔舍类型

我国地域辽阔，地理气候条件各异，饲养方式不同，各地有不同的建筑形式。按其排列形式分为单列式兔舍、双列式兔舍和多列式兔舍；按其与外界的接触程度分为亭式兔舍、开放式兔舍、半开放式兔舍和封闭式兔舍。

1.单列式兔舍

单列式兔舍通风、光照良好，夏季凉爽，但冬季保温较差，要冬季挂草帘、塑料薄膜、塑料编织布，以防风、保温，还要注意防御兽害。如图5-2、图5-3所示分别为室外单列式兔舍与室内单列式兔舍。

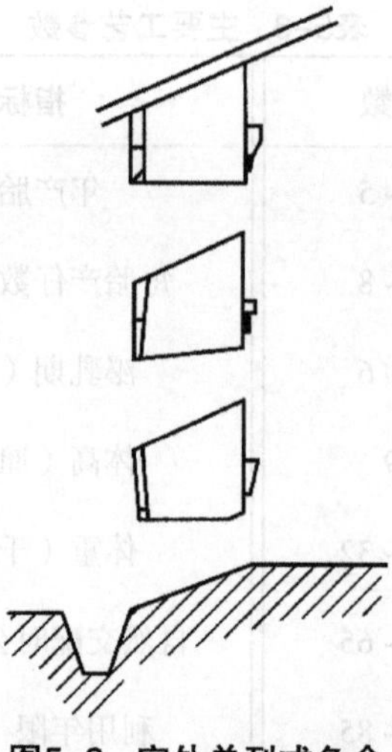

图5-2　室外单列式兔舍

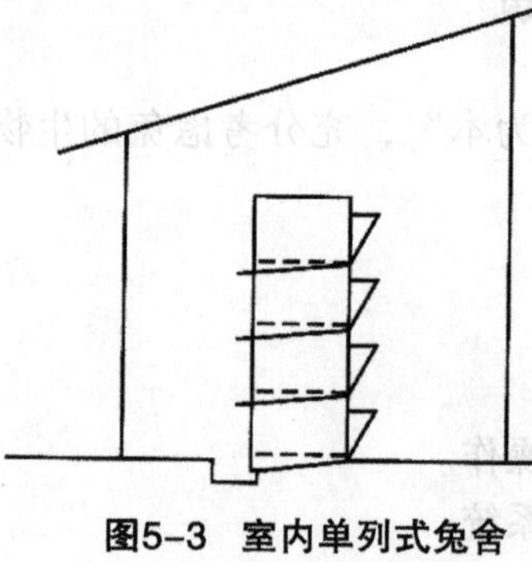

图5-3　室内单列式兔舍

这种兔舍跨度小，通风、保暖好，光线充足，但舍利用率低。

2.双列式兔舍

（1）室外双列式兔舍。室外双列式兔舍的中间为工作通道，通道宽度为1.5米左右，通道两侧为相向的两列兔笼。两列兔笼的后壁就是兔舍的两面墙体，屋架直接搁在兔笼后壁上，屋顶为双坡式或钟楼式。粪沟在兔舍的两面外侧如图5-4所示。

（2）室内双列式兔舍。室内双列式兔舍的屋顶为单坡或双坡，舍内两列兔笼背靠背排列。两列兔笼之间为粪尿沟，靠近南北墙各有一条饲喂道。南北墙开有采光、通风窗，接近地面留有通风孔如图5-5所示。

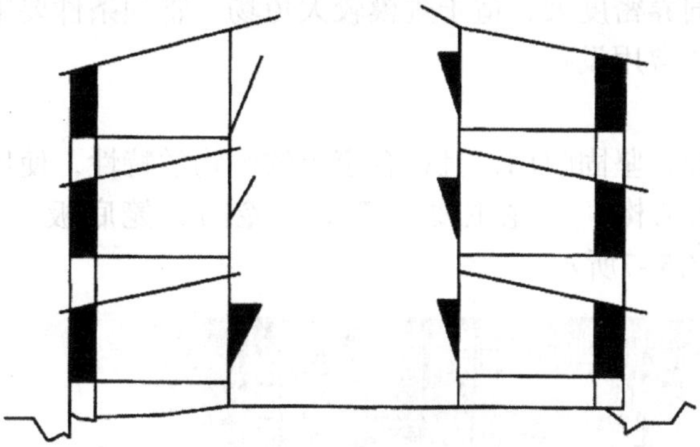

图5-4　室外双列式兔舍

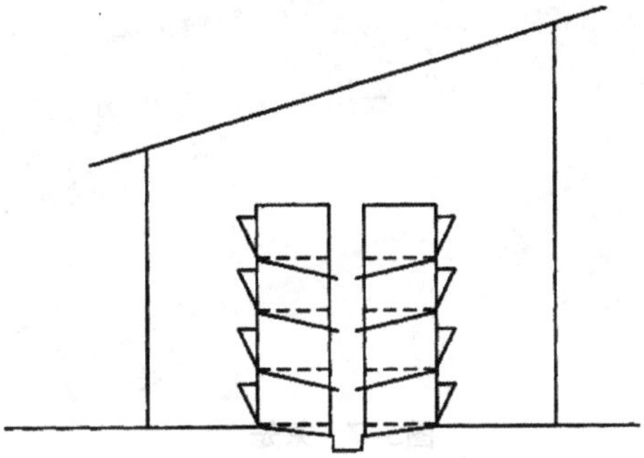

图5-5　双列式兔舍

这种兔舍，室内温度易于控制，通风、透光良好，能充分利用空间，但朝北一列兔笼光照、通风、保温条件较差。由于饲养密度大，在冬季门窗紧闭时有害气体浓度高。

（3）室内多列式兔舍。多列式兔笼排列三列或三列以上，有两条或三条通道如图5-6所示。

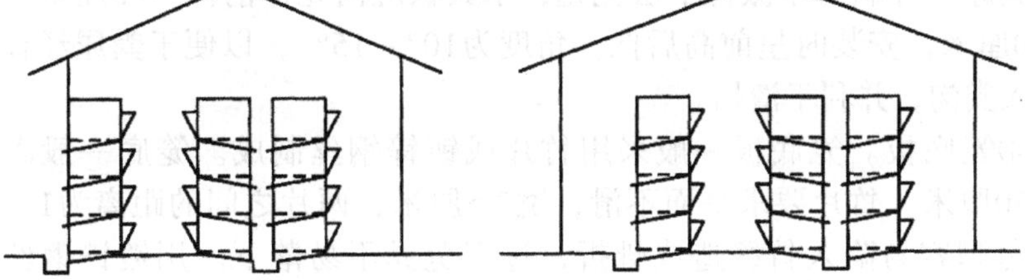

图5-6　多列式兔舍

这种兔舍饲养密度大，适于规模较大兔场，管理条件要求较高。

（二）兔场常用设备

1.兔笼

兔笼要质轻、坚固耐用，且符合家兔的生物学特性，使用管理方便。

（1）兔笼结构。兔笼主要由笼壁、笼门、笼底板、笼顶板（承粪板）等组成如图5–7所示。

图5–7 兔笼

①笼壁（侧网）。可用砖块、水泥板砌成，也可用竹片、木板、铁丝网等。

②笼门。一般笼门安装在多层兔笼的前方或单层兔笼的上层。要求启闭方便，内侧光滑，能防御兽害。为提高工效，草架、食槽、饮水器等均可挂在笼门上，以增加笼内实用面积。

③笼顶板（承粪板）。笼顶板（承粪板）多用水泥板预制件，厚度一般2～2.5厘米。在多层兔笼中，上层承粪板即为下层的笼顶。为避免上层兔笼的粪尿、冲刷污水溅污下层兔笼，承粪板应向笼体前伸3～5厘米，后延5～10厘米，安装时呈前高后低，角度为10°～15°，以便于粪尿经板面自动落入粪沟，并利于清扫。

④笼底板。笼底板一般采用竹片或镀锌钢丝制成。笼底一般离地面至少30厘米。竹片要求平而不滑，宽2.5厘米，两片之间的距离为1厘米，过宽兔脚容易陷入竹缝造成骨折，过窄兔粪不易落下。用镀锌钢丝制成的兔笼，其焊接网眼规格为50毫米×13毫米或75毫米×13毫米，钢丝直径为1.8～2.4毫米。笼底板可安装成可拆卸的，便于定期刷洗、消毒如

图5–8所示。

图5–8　可拆卸的笼底板

⑤支架除砖石兔笼外，移动式兔笼均需一定材料为骨架。骨架可用角铁焊成，也可用竹棍硬木制作。

（2）笼层高度。笼层总高度应控制在2米以下。层间距（笼底板与承粪板之间距离）前面14～20厘米，后面20～26厘米。最底层兔笼离地要稍高些，一般30厘米左右，以利于通风、防潮，使底层兔有较好的生活环境。

（3）兔笼规格。兔笼大小应按家兔的品种类型和性别、年龄，兔笼的设置位置，地区的气候特点等的不同而定。一般以种兔体长为尺度，笼长为体长的1.5～2倍，大小应以保证其能在笼内自由活动和便于操作管理为原则如表5–4所示。

表5–4　种兔笼单笼规格　（厘米）

饲养方式	种兔类型	笼宽	笼深	笼高
室内笼养	大型	80～90	55～60	40
	中型	70～80	50～55	35～40
	小型	60～70	50	30～35
室外笼养	大型	90～100	55～60	45～50
	中型	80～90	50～55	40～45
	小型	70～80	50	35～40

2.兔舍附属设备

兔舍附属装备主要有产仔箱、运输用笼具和养兔机械。

（1）产仔箱。产仔箱又称巢箱，是兔产仔、哺乳的场所。目前，我国各地兔场多采用木制产仔箱，主要由瓶口产仔箱、月牙形缺口产仔箱和封闭式产仔箱等发。

平口产仔箱多用1～1.5厘米厚的木板钉成40厘米×26厘米×13厘米的长方形木箱，箱底有粗糙锯纹，并留有间隙或小洞，使仔兔不易滑倒并有利于排出尿液，产仔箱上口周围需用铁皮或竹片包裹如图5-9所示。

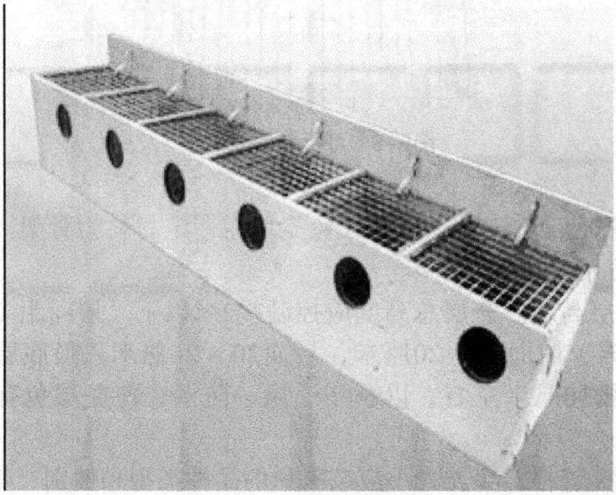

图5-9　平口产仔箱

月牙形缺口产仔箱。采用木板钉制，高度高于平口产仔箱，产仔箱一侧壁上部留个月牙形缺口，以供母兔初乳。

封闭式产仔箱。全封闭窝式母兔产仔箱是对前期产仔箱的一种改进，在产仔箱的两侧分别设置了仔兔和母兔的进出口。该产仔箱检查口门设计成直角的下翻板门，扩大了观察箱内仔兔的视野，检查仔兔和整理产箱更方便。前面又设置了一个带有直角的翻板检查口门，如图5-10所示。翻板门的开启也方便灵活。产箱环境温暖舒适，仔兔生长快，成活率高。

（2）运输用笼具。出栏兔称重后装入运输笼具，运输用笼具如图5-11所示，仅作为种兔、商品兔途中运输使用，一般不配置草架、饮水器和食槽等。此类笼具要求制作材料轻、装卸方便、结构紧凑、坚固耐用、透气性好。

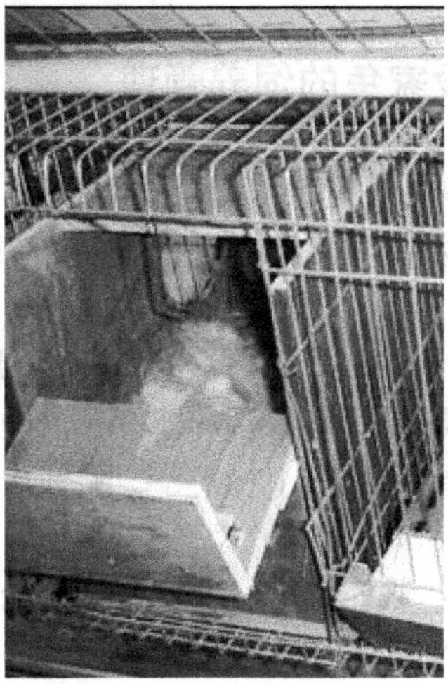

图5-10　封闭式产仔箱

图5-11　运输用笼具

（3）养兔机械。规模化兔场常备的养兔机械有青饲料切割机、饲料粉碎机、饲料搅拌机以及饲料颗粒机。

六、不同生理阶段家兔的饲养管理

（一）种公兔的饲养

为保证种公兔的精液品质，种公兔的饲料必须营养全面，体积小，适口性好，易于消化吸收。种公兔的饲养需要注意以下几方面。

①适当调整饲粮营养水平：对一个时期集中使用的种公兔，应注意在一月前调整饲粮配方，提高饲粮的营养水平。配种旺季适当增加或补充动物性饲料，如鱼粉、鸡蛋（每5只1个）等。配种次数增加，如每天配种2次时，日粮应增加25%。

②补充蛋白质饲料：精液品质不佳、配种能力不强的种兔，喂以鱼粉、豆饼、花生饼、豆科牧草等优质蛋白质饲料时，可改善精液品质，提高配种能力。

③补饲：冬季或常年饲喂颗粒饲料，注意补饲青绿饲料冬季青绿饲料少，或长年喂颗粒饲料时，容易出现维生素A和维生素E缺乏症，而引起精子质量下降，应补饲优质青绿多汁饲料或复合维生素。

④注意钙磷补充：饲粮中加入2%的骨粉或石粉、蛋壳粉、贝壳粉等，使钙不致缺乏。饲粮中配有谷物和麦麸时，磷不致缺乏。应注意钙、磷的比例，钙、磷供给的比例应为（1.5～2）：1。

⑤添加微量元素：在饲粮中添加微量元素来满足公兔对微量元素的需要，以保证种公兔具有良好的精液品质。

⑥限制饲养：种公兔应限制饲养，防止过肥。过肥的公兔配种能力差，性欲降低，精液品质差。限制饲喂的方法一是对采食量进行限制，混合饲喂时，补喂的精料混合料或颗粒饲料每只兔每天不超过50克，自由采食颗粒料时，每只兔每天的饲喂量不超过150克。另一种是对采食时间进行限制，料槽中一定时间有料，其余时间只给饮水，一般料槽中每天的有料时间为5小时。

（二）种母兔的饲养管理

种母兔要根据空怀、妊娠和哺乳三个阶段的特点，进行饲养管理。

1.空怀母兔的饲养管理

空怀期的母兔饲养管理的关键是加强补饲，使尽快复壮，通过日粮的调整、加强管理使母兔在上一繁殖周期消耗的体况短时间恢复，使母兔发情，进入下一繁殖周期。

（1）膘情适当。空怀母兔要求七八成膘母兔体况过肥，应减少或停止精料补充料的饲喂，只喂给青绿饲精或干草，否则在卵巢结缔组织中沉积大量脂肪会阻碍卵细胞的正常发育，造成母兔不育。过瘦母兔，应适当增加精料补充料的喂量，否则也会因母兔营养缺乏而使卵泡不能正常生长发育，影响母兔的正常发情和排卵，造成不孕。

在配种前半月左右应按妊娠母兔的营养标准进行饲喂。长毛兔在配种前应提前剪毛。

（2）注意补充维生素。冬季和早春缺青季节，易缺乏维生素A和维生素E，影响发情、受胎和泌乳，每天应供给100克左右的胡萝卜或黑麦、大麦芽等。规模化兔场在日粮中添加复合物维生素添加剂，保证繁殖所需维生素，促使母兔正常繁殖。

2.妊娠母兔的饲养管理

母兔从配种怀胎到分娩的这段时期称妊娠期。母兔妊娠期要加强营养，保证胎儿的正常生长发育。

活重3千克的母兔，在妊娠期间胎儿和胎盘的总重量达660克，占活重的20%。新西兰兔16天胎儿体重为0.5～1克，20天时不足5克，初生重达64克，为20天重量的10多倍。给妊娠期母兔提供丰富的营养非常重要。特别是妊娠后期使母兔获得的营养充分，母体健康，泌乳力强，所产仔兔生活力强。母兔在妊娠期应给予营养价值较高的饲料，并逐渐增加饲喂量。临产前3天减少精料量，多喂优质青饲料。

妊娠前期（妊娠后1～18天）：母体和胎儿生长速度很慢，饲养水平稍高于空怀母兔即可。妊娠后期（妊娠后19～30天）：胎儿生长迅速，需要营养物质较多，饲养水平应比空怀母兔高1～1.5倍。为避免母兔产后因奶水分泌过多、过快，而引发乳房炎，临产前1～2天宜适当控制精料的给量。

生产中，应根据母兔的具体状况，采用相应的饲喂方法。膘情较好的母兔，妊娠前期以青绿饲料为主，妊娠后期适当增加精料喂量。膘情较差的母兔怀孕15天开始增加饲料喂量，逐日加料。也可在产前3天减少精料喂量，产后3天精料减少到最低或不喂精料，能减少乳房炎和消化不良。

对妊娠母兔，供给的饲料要求营养好、易消化、体积小。切忌喂发霉、腐烂变质和受冻饲料。环境应保持安静，不要随意抓怀孕母兔，尤其在孕后15～25天，否则易引起流产。

3.哺乳母兔的饲养管理

从母兔分娩至仔兔断奶这段时期为哺乳期。哺乳母兔为了维持生命活动和分泌乳汁，每日要消耗大量的营养物质，尤其是蛋白质和钙、磷，而这些物质只能从饲料中得到补充，否则必然影响泌乳，使母兔的奶水量减少，质量下降，造成仔兔因缺奶而发育受阻，死亡增加。

为满足哺乳母兔的营养需要，不仅要增加饲料的喂量，还要加强饲粮的质量：粗蛋白质不低于17%，消化能11兆焦/千克，粗纤维12%左右，钙1.0%~1.2%，磷0.4%~0.8%。每天还应供给充足的优质青绿、多汁饲料和饮水，尤其在泌乳的高峰期至产后16~20天。

哺乳母兔的饲料喂量要随着仔兔的生长发育不断增加，并充分供给饮水，以满足泌乳的需要。直至仔兔断奶前1周左右，开始逐渐给母兔减料。

（三）仔兔的饲养管理

从出生至断奶这段时期的小兔称仔兔，是兔从胎生期转为独立主活的过渡时期。加强仔兔的培育，提高成活率，是仔兔饲养管理的目标。

仔兔生前在母体子宫内生活，营养由母体供应，环境恒定；出主后生活环境发生了急剧变化，此时仔兔的生理功能尚未发育完全，适应外界环境的调节机能还很差，适应能力弱，抵抗力低，但生长发育极为迅速，新生仔兔很容易死亡。

开眼期仔兔要历经出巢、补料、断奶等阶段，是养好仔兔的关键时期。

1.及时开眼

仔兔一般在11~12天眼睛会自动睁开。如仔兔14日龄仍未开眼，应先用棉花蘸清洁水涂抹软化，抹去眼边分泌物，帮助开眼。切忌用手强行拨开，以免导致仔兔失明。

2.做好补料

开眼后的仔兔，生长发育加快，需要的营养物也越来越多。但母兔的泌乳量在18~21日龄达到高峰后，因再度发情或受孕而自然减少，母乳已满足不了仔兔的营养需要，需要及时补料。仔兔的补料需注意以下几点。

（1）补料时间。补料时间以仔兔出巢寻找食物时开始为宜，肉兔和獭兔一般在15~16日龄、毛用兔在18日龄开始补料。

（2）补料的配置。仔兔补饲料可单独配制，也可采取母仔同料。补饲饲料的营养水平为：粗蛋白质18%~20%，消化能11.0兆焦/千克左右，粗纤维10%~12%。饲料要新鲜，容易消化，配料时须加入1%的含抗球虫药物的仔兔专用添加剂。不宜喂给仔兔含水分高的青绿饲料，否则易引起腹泻、胀肚而死亡。

（3）补饲方法。从16日龄开始诱食。18~20日龄开始，将全窝仔兔移入特制的补饲栏或空笼内实行补饲。每个补饲单栏内需设置食槽和饮水器，一窝一栏。喂量由4~5克/（日·只），逐渐增加到10~20克/（日·只），保证饮水供应。补饲饲料应持续喂到35~45日龄（断奶后）。在规模较大的种兔场，母、仔不宜分开喂养，但应为仔兔专设补饲食槽，统一供给补饲饲料。

3.科学断奶

断奶日龄仔兔断奶的日龄，应根据不同品种、生产用途、季节气候和体质强弱等具体情况而定。仔兔断奶时间和体重有一定差别，一般在30～50天，体重600～750克。肉兔30日龄左右，獭兔35～40日龄，长毛兔40～50日龄。

毛兔、皮用兔在寒冷季节，可适当延长哺乳时间，32～42日龄断奶。断奶过早，仔兔消化系统还没发育成熟，对饲料的消化能力较差，生长发育会受到影响。

一般农村养兔，断奶时间可适当晚些，一般为35～42日龄；规模化兔场，断奶时间一般为30日龄，留种仔兔断奶时间可适当延长1周左右；已经血配母兔、仔兔应在28日龄左右断奶，断奶后仔兔应采用人工乳继续哺乳7～10天。

（四）幼兔的饲养管理

幼兔是指断奶后到3月龄这一阶段的小兔。

幼兔刚刚断奶，脱离母兔，完全靠人工喂养，环境条件变化极大。幼兔阶段生长发育快，对饲料条件要求高，但抗病力差。对幼兔应特别注意加强饲养管理和疾病防治工作，提高成活率。

断奶后第一周的幼兔，日粮中的精饲料（仔兔补饲料）应占80%。随日龄的增长，混合精料的比例逐步下降，直到占日粮的40%。同时逐渐改仔兔料为幼兔料，增加青料。

在管理上要特别注意保持舍内温暖和安静，不轻易挪动幼兔的位置，注意笼具、饮水、食料的卫生和饲养密度。一般在55厘米×75厘米的笼内，养3～5只为宜，以利幼兔的运动和采食。

（五）青年兔（育成兔、后备兔）的饲养管理

青年兔是指3月龄到初次配种这一时期的兔，又称育成兔或后备兔。青年兔的抗病力增强，死亡率降低，较容易饲养。

青年兔时期采食量增多，生长发育快，对蛋白质、矿物质、维生素需要多。饲料要保证有充足的蛋白质、无机盐和维生素。青年兔吃得多，生长快，以肌肉和骨骼增长为主，饲料应以青绿饲料为主，适当补喂精料。一般在4月龄之内喂料不限量，吃饱吃好。5月龄以后，适当控制精料，防止过肥。

1.兔的饮水行为

水是家兔机体的重要组成部分，是家兔对饲料中营养物质消化、吸收、转化、合成的媒介，缺水将影响代谢活动的正常进行。水还有调节体温的作用。供水不足严重影响家兔的生产效率，必须供给家兔充足而干净

的饮水。完全不供给水的条件下，成年兔只能生存4～8天；供水充足而不给料，兔可生存21～31天。

2.兔的饮水规律

据报道，长毛兔昼夜饮水次数较频繁，公兔平均16.7次，母兔14.2次。平均每次饮水32秒，最长一次可达3分钟左右。饮水一般在采食精料后或睡眠、活动之后进行，采食青草后一般不立即饮水。公兔饮水高峰出现在中午和午夜，母兔饮水高峰则出现在早上8点和傍晚左右。

3.家兔的需水量

家兔日需水量较大，尤其夜间饮水次数较多，即使饲喂青草和新鲜蔬菜，仍需喂一定量水。家兔每天的需水量一般为采食干物质的2～3倍。在饲喂颗粒饲料时，中、小型兔每天每只需水300～400毫升，大型兔为400～500毫升。

（1）影响家兔需水量的因素。家兔的需水量与其年龄、生理状态、季节和饲料特点有关。

高温季节需水量大，据报道，在30℃环境生活的兔比在20℃需水量增加50%，高温季节的供水量应增大。

妊娠母兔和泌乳母兔的需水量大，泌乳高峰期的母兔日泌乳量高达300毫升，而乳中70%是水。泌乳母兔比其妊娠时饮水量增加50%～70%。母兔产仔时失水多，更易口渴，供水不足会发生母食仔兔现象，必须供足饮水，水中加少许食盐更好。

家兔通过采食饲料所获得的水只能满足需水量的15%～20%，喂高营养饲料和颗粒饲料时，更要增加供水量。兔在大量喂给多汁饲料时，可以减少供水量。

（2）饮水的要求及方法。兔的饮水必须符合家畜饮用水的卫生标准。饮水必须新鲜清洁，冬季最好饮温水，不能喂带冰的水，否则易引起消化道疾病和母兔流产。兔的饮水可能因贮水池、水管、饮水器没有彻底清理干净而受到污染。应经常清洗贮水装置、饮水槽等。

理想的饮水方法是通过自动饮水器饮水，其供水管直径应大一些，必须选不透明、有色（黑色、黄色）的塑料管或普通橡皮管，以防绿苔滋生，堵塞水管。使用透明塑料软管，应定期清除管内苔藓，也可在饮水中加一些无害的消除水藻的药物。饮水嘴应安在距离笼底8～10厘米、靠近笼角处，以保证大小兔均能饮用，防止触碰滴漏。位置太高，小兔喝不上水。

用开敞式饮水器具饮水，需经常清洗干净，特别是夏天需每天清洗干净。

采用定时饮水方法时，应每天饮水2次以上，夏季应增饮一次。

家兔有夜食夜饮的习性，夜间饮水量为一昼夜的60%～70%，须注意夜间饮水。表5-5介绍了在正常温度下生长兔的需水量。

表5-5　生长兔的饮水需要量

周龄	平均体重（千克）	每日需水量（千克）	每千克饲料干物质需水量（千克）
9	1.7	0.21	2.0
11	2.0	0.23	2.1
13～14	2.5	0.27	2.1
17～18	3.0	0.31	2.2
23～24	3.8	0.31	2.2
25～26	3.9	0.34	2.2

七、兔的生态放养养殖技术

（一）家兔放养的特点

家兔放养有以下几个特点。

（1）就是将工厂化笼式养殖改成野外放养，放归大自然，使兔子自己在野外吃到各种各样的新鲜的绿草，全方位丰富兔肉营养。

（2）让兔子自己打洞，自己做窝，自己繁殖，由于母兔在大自然广阔的土地上能吃到全价新鲜食物，再加上经常奔跑嬉戏打斗运动，奶水充足质量好，生出的小兔仔健壮，当小兔出窝时个个活蹦乱跳，精神十足。

（3）由于是在野外散养，空间大，时时更换地址，空气清新，没有病害，不需防疫，从生到出栏不需用药。

（二）散养方法

家兔的放养方法需注意以下几点。

（1）养殖场地的选择，草原、山地、半山区、果园、林区过渡带、荒山荒坡、盐碱地等。

（2）养殖场地面积的配比，在20平方米的方圆建一个临时小兔窝。

（3）兔窝的规格是2米×2米×0.5米。

（4）临时兔窝搭建的材料。各种能砌墙的材料都行，红砖、水泥河沙、废旧建筑材料、水泥瓦等。

（5）幼兔窝的搭建。四面墙体，篷盖一定要防雨墙体墙，墙体向阳面留出10厘米×10厘米的小门，留给幼兔进出使用。

（6）驯养过程中。将一雄两雌小兔放入兔窝外面放好食物、水、舔食盐块。刚刚放进的幼兔十分胆小，会在门口探头探脑，时不时走出窝外，但又会马上返回，经过多次的探索观察，胆子会逐渐大起来，会走出窝外面两米范围的地方查看，见到食物会吃上几口马上返回窝内，经过多天的反复练习，幼兔便可正常在草地上进食食物。经过进一步的锻炼，会跑到较远地方进行进食和玩耍，能够主动找到水源和食物。到达一月之后，便可将食物断掉，只留下盐块，因为兔子无论跑多远，他们都会跑回来舔食盐块，因为盐块也是兔子最喜欢吃的东西。

（7）兔子抓捕方法。利用移动网墙抓捕兔子。

（三）移动网墙的制作方法

移动网墙的制作方法如下。

（1）用六号铁筋焊制长2米高0.5米的框，再用细铁丝将框编成网，数量可根据抓捕兔子数量而定。

（2）使用方法。将多个网框连接起来，在需要抓兔子的场地将其立起，要将网框立成三角形，再在三角形的尖端留出一定空隙，使大小兔子都能顺利通过，再在缝隙的外面安装厚塑料膜制作而成的桶，长度2米、直径0.5米即可。

（3）抓捕方法。网框立好之后，多人在网的外围对兔子进行缓慢驱赶，将兔子赶进三角网框课适当加快驱赶速度，兔子受到惊吓就会开始奔跑，以便将兔子顺利赶进物料桶里面，随后站在桶后面的人将桶口拉起便顺利完成兔子的抓捕。

（四）如何留种如何过冬

到了越冬期，兔子不繁殖，要将还没长成的和待长成的兔子留下来继续养殖，做好越冬期的准备工作。

（1）兔子满身是毛不怕冷，兔舍不用设置，兔子在露天的情况下就能越冬。

（2）将上好的干青草、豆皮、玉米秸秆、花生皮、冻菜叶子、地瓜秧、草籽等，50平方米范围堆放堆，预备过冬兔子饲料。

（3）选出健壮的母兔和少量的雄兔1∶4作为明年兔种，继续养殖发展。

（五）注意事项

（1）兔子喜欢啃吃果树树皮，新种植的果园不能养殖，等到果树长到2年，树干外皮长厚后兔子啃不动就能养殖了。

（2）如果急于在新栽植的果园养殖，事先将小果树苗树干从地平线向上50厘米，用铁网包裹后就可以养殖了。

第二节　鸭的生态养殖技术

一、鸭的生物学特性

鸭的生物学特性主要包括①喜水性强；②合群性强，易管理；③食性广泛，耐粗饲；④耐寒；⑤生活规律；⑥无就巢性；⑦抗病力强；⑧定巢性；⑨生长快；⑩繁殖率高。除此之外鸭喜食颗粒饲料，不爱吃过细的饲料和黏性饲料，有先天的辨色能力，喜采食黄色饲料，在多色饲槽中吃料较多，喜在蓝色水槽中饮水，鸭愿饮凉水，不喜饮高于体温的水，也不愿饮黏度很大的糖水。

二、生态养鸭的环境管理

鸭的生产、生活离不开环境，环境质量的好坏直接影响鸭的生产性能和健康。通过对环境的控制和改善，为鸭提供适宜的环境条件是生态养鸭的重要措施。

（一）应激的概念

应激原意是指压力、紧张、应力。它是机体对外界或内部的各种非常刺激所产生的非特异性应答反应的总和。

应激反应的目的在于动员机体的防御机能克服应激原的不良作用，保持机体在极端情况下的内稳态。应激反应是机体在长期的进化过程中形成的一种扩大适应范围的生理反应。只有在应激反应不能克服不良的刺激时，才导致不可逆的衰竭状态。

（二）养鸭生产中常见的应激源

养鸭生产过程中会出现多种应激源，对鸭的饲养会产生不同程度的影响。养鸭生产中常见的应激源主要有以下种类。

（1）环境因素。过冷过热、强辐射、气流（通风不良、贼风等）、空气质量差、强噪声，以及空气中氨气、硫化氢、二氧化碳等有害气体浓度过高等。

（2）饲养管理因素。饲养密度过大、运动不足、抓捕、饥饿式过饱、饲料营养不足或不平衡、转群、饲养员的态度差、日粮衰变等。

（3）运输因素环境不断变化、晃动、拥挤、饥饿、缺水等。

（4）防治因素接种疫苗、各种投药、体内驱虫、各种抗体检测等。发生传染。通过飞沫传染的，主要是呼吸道传染病，如流行性感冒等。

除上述常见应激源外，尘埃传染病也是影响养鸭生产的重要因素之一。禽排泄的粪便、飞沫、皮屑等经干燥后形成微粒，极易携带病原微生物飞扬于空气中，当易感动物吸入后，就可传染发病。通过尘埃传播的病原体，一般对外界环境条件的抵抗力较强，如链球菌、霉菌孢子等。

（三）鸭舍中微粒和微生物控制措施

（1）对鸭场进行合理选址、规划、布局，鸭场周围设防疫沟，防止小动物将病原微生物带入场内。进出场区的人员和车辆必须消毒。

（2）及时隔离病鸭，避免病原微生物的传播。

（3）及时清除粪便和污水；清洗和消毒，可以使鸭舍空气中的细菌数量下降。

（4）保证良好的通风换气，及时排出舍内微粒。机械通风时可在进气口设防尘装置，进行空气过滤。

（5）绿化可以使尘埃减少35%～67%；细菌减少22%～79%。

三、生态养鸭的育雏技术

雏鸭是指0～4周龄的鸭，雏鸭饲养的好坏直接影响到今后鸭群的发展、鸭的生长发育以及今后种鸭的产蛋量和蛋的品质，提高育雏期成活率是育雏阶段的重要任务。刚出壳的雏鸭个体小、绒毛稀短、体温调节能力差、对外界环境的适应性差、抵抗力弱，如饲养管理不善，容易引起疾病，造成死亡。从雏鸭出壳起，必须创造适宜的环境条件和进行精心地饲养管理。林地生态养鸭时，雏鸭的体温调节功能不健全，不能直接把雏鸭放到林地、果园散养，应在育雏室中育雏。

（一）雏鸭的生理特点

雏鸭的体温调节能力较弱，而且生长发育较快、新陈代谢旺盛、对饲料营养的要求很高。但是雏鸭的胃容积小，消化能力较弱。所以雏鸭饲养需要注意以下几点。

1.抗病力差，容易生病

雏鸭的免疫机能还未发育完善，对外界的适应力差，对疾病的抵抗力弱，容易受到各种病原微生物的侵袭而感染各种疾病。育雏期除给鸭提供适宜的温度、湿度，新鲜空气等良好的环境外，还应注意环境的突然变化，尤其应加强夜间的温度保持，防止温度忽高忽低，使鸭患病。

2.敏感性强，易受惊吓

雏鸭对外界环境的微小变化非常敏感，外界的任何刺激都会导致雏鸭情绪紧张而四处乱窜，影响采食和生长发育，甚至引起死亡。育雏环境需要安静，防止异常声响、噪声，防止鼠、雀、害兽的突然骚扰，并需要精心、细致而有规律的饲养管理。可以对环境可能出现的应激条件如各种声响、黑暗环境、强光照、各种颜色等，在出壳后30小时内让雏鸭适应，习惯后就不会因这种刺激引起紧张而四处乱窜。

3.抵抗力差

雏鸭对外界环境的抵抗力差，容易感染疾病。育雏期间应特别重视防疫卫生工作。

4.无自卫能力，易受侵害

雏鸭没有自卫能力，易受鼠、猫、蛇、狗、野兽及天敌野鸟的侵害，育雏舍要有安全防卫设施。

（二）育雏前的准备工作

为保证育雏工作顺利进行，保证雏鸭健康，保持良好的生产性能，育雏前必须做好各项准备工作。

1.制订育雏计划

包括育雏总数、批数、每批数量、时间、饲料、疫苗、药品、垫料、器具、育雏期操作、光照计划等。

2.饲养人员安排

育雏是细致、艰苦的工作，要求育雏人员责任心强、吃苦耐劳、细心，育雏过程技术性强，饲养员最好有一定的技术和养鸭经验。

3.雏鸭舍的要求

雏鸭舍要求：根据育雏期要求的饲养密度，保证有充足的鸭舍面积。育雏鸭舍要求保温性好，室温要求20～25℃。便于通风、清扫、消毒和饲喂操作。

4.育雏舍的整理、消毒

鸭的生态养殖过程中，鸭舍的清洁、整理和消毒，对鸭的生长繁殖都具有很大影响，尤其是雏鸭舍，育雏舍的清洁整理和消毒需要注意以下几点。

（1）鸭舍检修。对育雏鸭舍进行检查和维修。全面检查鸭舍能否有良好的保温性能和通风换气能力，采光性能能否达到要求，灯具的完整性等。如发现问题应及时维修。

（2）清洗、打扫卫生。新建的鸭舍应打扫卫生，对鸭舍和饲养工具进行除尘和清洗。旧鸭舍应在上一批鸭出栏或转出以后，空舍2周再进行使用。进鸭前应对鸭舍进行彻底的清扫，将粪便、垫草清理出去。对地面、墙壁、棚顶、用具表面的灰尘要打扫干净。笼具、围栏等金属制品用高压水龙头彻底冲洗，笼具上尘土、粪垢彻底冲洗干净，用火焰喷枪灼烧后移回育雏舍。同时对地面、墙壁、料盆、饮水器等进行全面的冲洗。还应对鸭舍四周环境进行清扫，清除周围垃圾、杂草，对路面进行清扫。将料槽、水槽、笼网摆放到位。

（3）消毒。经过清扫、冲洗，要彻底杀灭鸭舍内病原微生物，必须对育雏舍进行消毒。消毒必须在用水冲洗地面、墙壁干燥以后进行。可用2%的烧碱水溶液，或5%的来苏儿水溶液对鸭舍及用具进行喷洒消毒。进雏前1周对育雏舍及设备进行熏蒸消毒。将鸭舍密闭，把饮水器、料桶等用具一齐放入，准备好各种用具后，对鸭舍进行福尔马林和高锰酸钾熏蒸消毒。每立方米空间用42毫升福尔马林加21克高锰酸钾。熏蒸时，应把门窗关好，熏蒸24小时，以杀灭病原微生物。打开门窗通风，把室内的空气排出。熏蒸至少在进鸭前一天进行。

5.育雏用具

鸭的育雏工具主要包括以下物品。

（1）料槽。按雏鸭数量和喂料器具规格准备充足的喂料器具，让所有鸭都能同时吃食；高低大小适当，槽高与鸭背高度接近。随鸭龄增长可将料槽相应垫起，使料槽高度与鸭背同高。料槽结构合理，减少饲料浪费。

（2）饮水器。雏鸭饮水最好采用真空饮水器。使水盘的水深控制在1.5厘米，水面宽度2厘米，较为适宜。

（3）垫料的准备。采用地面平养育雏，要在地面上铺设垫料：垫草要求是清洁、干燥、松软、吸水性强。常用垫料有麦秸、稻草、锯末、刨花、稻壳等。垫料要长度5厘米左右为适宜，厚度10～15厘米。

（4）其他物品。温、湿度计，备用照明灯泡、喷雾器、水桶、清扫用具等。

6.饮水准备

进雏鸭前半天应准备好加糖和维生素的饮水，使水接近室温。

（三）育雏方式

在育雏期间可以采取地面平养、立体笼养、网上平养3种形式。每种饲养方式都各有特点，饲养方式的选择要根据养鸭的现有条件、经济实力、饲养鸭的品种等灵活掌握。

1.地面平养

在鸭舍地面上铺设垫料（麦秸、稻草、锯末等）来育雏鸭的方法称为平面育雏。地面平养投资少、管理灵活，适合不同条件和类型的鸭舍。缺点是鸭与粪便接触易患病，鸭舍空间利用率低。

地面平养要用育雏围栏在育雏室内围成若干小区，通过围栏将雏鸭限定在一个较小的范围内栖息、活动，靠近热源，保护雏鸭不会受冷，也容易找到饲料和饮水。随着雏鸭日龄的增长逐步扩大围栏的范围。围栏材料可用竹围栏、木板、纸板等，围栏的高度以雏鸭跳不出为宜，一般50厘米即可，围栏围成小区的面积根据供暖的设备和每批育雏数量而定，一般在开始育雏时可小些，以后逐渐扩大。

2.网上育雏

网上育雏即雏鸭离开地面养在铁丝网或塑料网上。一般在离地面50～100厘米高处架上丝网。优点是不用铺设垫料，雏鸭不与粪便接触，可减少病原感染的机会，尤其可以大大减少鸭患球虫病和消化道疾病的危险，同时由于饲养在网上，提高了饲养密度，可减少鸭舍建筑面积。

网床由底网、围网和床架组成。网床的大小可以根据育雏舍的面积及网床的安排来设计。床架可用三角铁、竹、木等材料制成，底网可根据日龄不同选择使用不同的网目规格。网床四周加围网，防止雏鸭掉下网床，或跳出来，围网高度一般为30～50厘米。

3.混合育雏（半地半网）

混合育雏为地面平养和网上育雏结合起来的一种育雏方式。育雏舍1/4～1/3地面铺设离地网面，离地30～50厘米，另外的地面铺垫料，两部分衔接坡度小于25°，水槽或饮水器全部置于网床上，料槽或开食盘全部置于垫料上。优点是成本适中，雏鸭患腿部疾病机会少，利于清洁。

4.笼养育雏

将雏鸭饲养于铁丝笼或竹、木笼里，笼可重叠，也可呈阶梯式笼养。可充分利用鸭舍空间，增加饲养数量，同时笼养可减少鸭的运动。有利于肉鸭的生长。

（四）供暖方式

根据热源不同，育雏供暖方式分为火墙、煤炉、电热伞、红外线供暖、烟道等。

1.火墙

把育雏室的隔墙砌作火墙，内设烟道，炉口设在室外走廊里——鸭靠火墙壁上散发出来的温度取暖。

2.煤炉

煤炉是最常用的加温设备，结构与冬季居民家中取暖用的火炉相同，以煤为燃料。火炉上设铁皮制成的平面盖或伞形罩，留出气孔，和通风管道连接，排烟管伸出通往室外。

3.电热伞

伞面是用铁皮、铝皮、防火纤维板等制成的一个伞形育雏器，伞内用电热丝供热，并有控温调节装置，可按雏鸭日龄所需的温度调节、控制温度。

4.红外线灯

在育雏舍内安装一定数量的红外线灯，靠红外线灯发出的热量来育雏。

5.烟道

烟道可分为地上烟道和地下烟道两种。地上烟道，用砖或土坯砌成烟道，几条烟道最后汇合到一起，并设有集烟柜和烟囱通出室外。一般在烟道上加罩子，雏鸭养在罩下，称为火笼育雏。地下烟道，室内可利用面积较大，温度均匀平稳，地面干燥，便于管理。一般地下烟道比地上烟道要好。缺点是燃料消耗量大，烧火较不方便。

（五）雏鸭的饲养与管理

1.初生雏鸭的选择

雏鸭品质的好坏，直接关系到雏鸭的育雏率、生长发育和生产性能，在选购雏鸭时，必须考虑种鸭的饲养条件、重大的孵化条件及雏鸭苗的质量等因素。

合格的雏鸭应为健壮活泼，眼睛灵活有神，个体大、重，体躯长而阔，臀部柔软，脐无出血或干硬突出痕迹；全身绒毛洁净，脚高、粗壮，趾爪无弯曲损伤。

2.接雏

将雏鸭从出雏机中捡出，在孵化室内绒毛干燥后转入育雏拿，称为接雏。接雏可分批进行，要尽量缩短在孵化室的逗留时间，以免造成出壳早的雏鸭不能及时开食和饮水，导致体质逐渐衰弱，影响生长发育。

3.雏鸭的饲养管理

雏鸭饲养管理需注意以下几点。

（1）饲养密度每平方米面积饲养的鸭数为饲养密度。饲养密度过大时，雏鸭拥挤，相互抢食，鸭舍容易潮湿，空气污浊，造成雏鸭发育不均，生长速度慢，容易患病。密度过小，不利于保温，鸭舍利用率低。

（2）分群饲养育雏开始在雏鸭开水前应对雏鸭进行分类，分群饲养。根据大、中、小和强、弱雏等进行分群，以便使鸭群生长发育均匀。

（3）开水、饮水雏鸭先饮水再开食。刚出壳的雏鸭第一次饮水称为开水。一只40克重的初生鸭，含有5克重的卵黄囊，其中含蛋白质1.5克，在出壳后的72小时内雏鸭所需的营养全部由卵黄囊提供。通过饮水可以促进卵黄的吸收，促进胎粪排出，增进食欲，有助于饲料的消化和吸收。同时雏鸭出壳后体内水分消耗大，育雏舍内温度高，容易脱水，雏鸭进入鸭舍后应及时给水，再开食，以及时补充雏鸭生理所需水分。开始时，雏鸭不懂饮水，可以调教。抓一只健壮的雏鸭，将喙浸到水槽中蘸水，雏鸭很快就会饮水，其他雏鸭也会效仿。

（4）开食、饲喂。雏鸭出壳后第一次吃料称为开食。雏鸭一般在开水后2小时左右开食。适时开食，有利于雏鸭腹内卵黄吸收和胎粪排出，促进生长发育。开食料一般用蒸煮的大米、碎玉米、小米或是小麦的夹生饭（或采用小鸭全价颗粒饲料）。开食料要求做到不生、不硬、不烫、不烂、不黏，将饲料均匀撒放在消过毒的浅平料盘上让雏鸭采食。

（5）雏鸭的饲喂。开食当天，要全天供料。开食后头3天可用与开食一样的方法饲喂，饲喂量可适量增加，4日龄后即可喂饱。第4日龄就可逐渐增添配合饲料，到第5日龄时全部喂配合饲料。喂食时可给予一定的信号，让鸭形成条件反射。以后逐渐改用食槽饲喂。每次喂料时间不超过20分钟，拌好的雏鸭料分2～3次投给。

（6）适时调教下水和锻炼放牧。出壳后第3天可让雏鸭下水。开始的1～5天可与“点水”结合起来，在鸭笼内点水，后可用竹篮或鸭笼端下水，以打湿脚板为宜，每天2次，每次不超过10分钟，5天后可下大水。

4.环境控制

（1）温度控制。温度是育雏成败的关键，提供适宜的温度能有效地提高雏鸭成活率，必须认真、科学对待。温度控制包括育雏鸭舍的温度和育雏器内的温度两个方面。育雏期温度指距离热源50厘米地上5厘米处的温度，网上育雏或笼养是指网上5厘米处的温度。

雏鸭个体小、绒毛稀疏、吃料少、消化机能较弱，体温调节技能不健全，育雏期要人工保温。育雏期间如果温度过低，雏鸭容易挤堆，着凉，温度过高，容易引起食欲下降或患呼吸道疾病。应该参照育雏时需要的适宜温度如表5-6所示，随时调节温度，维持雏鸭的正常生长发育所需的温度。随着日龄的增加温度逐日下降，直至21日龄室温18℃左右脱温。

表5-6　育雏鸭的适宜温度

日龄（天）	育雏器温度（℃）	室内温度（℃）
1	34	30～28
2～5	34～33	29～27
6～9	33～32	28～26
10～13	32～31	26～25

（续表）

日龄（天）	育雏器温度（℃）	室内温度（℃）
14～17	31～30	25～24
18～21	30～29	24～23
22～24	29～28	23～22
25～27	28～27	22～21
28～30	27～26	21～20

供温的原则：小雏宜高，大雏宜低；小群宜高，大群宜低；夜间宜高，白天宜低；阴天宜高，晴天宜低；早春宜高，晚春宜低。并且温差不超过2℃，不可以太高或者太低。同时要做到整个育雏空间的温度比较均匀地分布，不可以差距过大。

（2）湿度控制。湿度是衡量鸭舍空气的潮湿程度一般用相对湿度（空气中实际水汽压和同温度下饱和水汽压的百分比）表示。一般情况下，只要鸭舍温度适宜，湿度的高低对鸭的影响不大，所以鸭舍对湿度的要求不像温度那么严格。

（3）光照。实行科学正确的光照，能促进雏鸭生长发育。光照时间、光照强度会对鸭的生长发育和健康产生影响。

光照时间：1～7日龄的雏鸭，昼夜光照20～23小时；8～14日龄的雏鸭采用16小时光照；15日龄以后公雏实行12小时光照，母雏进行14小时光照。光照强度每平方米用2瓦灯泡照明即可。

（4）通风。鸭舍通风换气的目的是排出鸭舍中的有害气体，保持空气新鲜。也可以排出鸭舍中多余的水汽，保持鸭舍干燥。同时排出鸭舍中的粉尘和病原微生物。

5.卫生防疫

雏鸭抵抗力低，易感染疾病，鸭舍要保持清洁卫生。雏鸭舍易潮湿，要经常打扫，勤换垫草，保持舍内干燥。注意搞好保温和鸭舍通风换气，保持空气新鲜。每天清扫运动场，水池定期换水。对鸭舍及用具要经常消毒，以杀灭环境中的微生物，防治传染病的发生。食槽、饮水器每天清洗、消毒。

6.日常管理育雏

日常管理育雏期间对雏鸭要精心看护，随时了解雏鸭的情况，对出现的问题及时查找原因，采取对策，提高雏鸭成活率。10日龄内的雏鸭除喂食、放水时间外，要防止雏鸭扎堆。

经常检查料槽、饮水器的数量是否充足、放置位置是否得当，规格是否需更换，保证鸭有良好的条件得到充足的饲料、饮水。

每天注意雏鸭的精神状态、活动、吃料饮水的情况、粪便等。鸭早晨如果精神状态好，动作敏捷，总像在寻找什么似的，说明一切正常。病弱雏鸭表现精神沉郁，闭眼缩颈，呆立一角，羽毛蓬乱，翅膀下垂，卧地不起、肛门附近沾污粪便等，发现后要及时挑出，单独饲喂、治疗。每天清晨注意观察鸭的粪便颜色和形状，以判断鸭的健康。正常雏鸭粪便为灰黑色，上有一层白色尿酸盐（盲肠粪便为褐色），稠稀适中。如见软稀便、混血变，要查明原因，及时处理。

晚上注意观察鸭的呼吸声音，看鸭有无呼吸道感染的症状，如有打喷嚏、张口呼吸、鼻孔处有黏液或浆液性分泌物等异常表现。关灯后听是否有甩鼻、呼噜等声音。如有以上情况，可能患呼吸道疾病，要及时采取措施。

注意保持适宜的鸭舍温度。通过鸭的行为判断鸭舍温度是否合适，随时调整。保证雏鸭舍安静，防止噪声。突然的噪声能够引起雏鸭惊群、挤压、死亡。

7.全进全出

同一鸭舍饲养同一日龄雏鸭，采用统一的饲料、统一的免疫程序和管理措施，同时转群，避免由于在鸭场内存在不同日龄鸭群的交叉感染机会，减少病原微生物的感染，保证鸭群安全生产。

8.雏鸭的脱温

脱温是在育雏舍内不取暖，雏鸭在自然温度条件下能正常生活、生长发育。雏鸭随着日龄的增加，采食量增大，体温调节能力逐渐完善，所需要的环境温度降低，或舍外气温升高，能满足雏鸭所需要的适宜温度时，就可以脱温。脱温时间要根据季节、气温高低、雏鸭健康状况、品种等因素不同而定，灵活掌握。春雏一般在6周龄，夏雏和秋雏一般在5周龄脱温。

9.做好各项记录

鸭健康状况、温度、湿度、光照、通风、采食量、饮水情况、粪便情况、用药情况、疫苗接种等都应如实记录。如有异常情况，及时查找原因。

四、育成鸭的饲养管理技术

蛋鸭自5周龄起至开产前的中鸭，也称育成鸭，是育雏期到产蛋的过渡时期。这个时期要特别注意控制生长速度、体重和开产日龄，使蛋鸭适时性成熟，在理想的开产日龄开产，迅速达到产蛋高峰。

（一）育成鸭的主要特点

1.适应性强

育成期鸭又称青年鸭。随着日龄的增大，体温调节能力增强，对外界温度变化的适应能力加强；消化道生长迅速，消化器官增大，消化能力增强，可以充分利用天然动植物饲料，杂食性强；体格健壮，免疫功能好，抗病力强，应在此时进行免疫接种和驱虫。

2.体重增长快

以绍兴鸭为例，28日龄以后体重绝对增长加快，42～44日龄达到高峰，然后逐步减慢，到16周龄时接近成年体重。

3.羽毛生长迅速

以绍兴鸭为例，育雏结束时，鸭身上还覆盖着绒毛，麻羽将要长出，到42～44日龄时胸腹部羽毛已长齐，平整光滑，到达“滑底”，52～56日龄已长出主翼羽，80～90日龄已换好第2次新羽毛，100日龄左右已长满全身羽毛，两边主翼羽已交翅。

4.性成熟迅速

在60～100日龄时，青年鸭性器官发育很快，卵巢上的卵泡快速增长，蛋鸭性成熟早于肉鸭。此时，要适当限制饲养，防止过肥和过早性成熟。

5.适应性强

随着日龄的增长，育成鸭对外界气温变化的适应能力逐渐加强。青年鸭可以在常温下饲养，甚至可以露天饲养。青年鸭的消化能力增强，可以充分利用天然动植物性饲料。

（二）育成鸭的主要饲养方法

育成鸭的饲养方式有放牧饲养、圈养（全舍饲、半舍饲）。

1.放牧饲养

利用鸭的合群性好、觅食能力强的特点，在农田、河塘、沟渠和海滩进行放牧饲养，鸭觅食各种天然的动植物性饲料，可以节约大量饲料，降低成本。

2.全舍饲圈养

育成鸭的整个饲养过程在鸭舍内进行，称为全舍饲圈养。采用厚垫料饲养或网状地面饲养、栅条地面饲养。鸭的吃料、饮水、运动和休息全在鸭舍内进行。舍内需设置饮水和排水系统。

全舍饲圈养方式可人为控制饲养环境，利于科学养鸭，增加饲养量，提高劳动效率。但饲养成本较高。

3.半舍饲圈养

鸭群饲养在鸭舍、陆上运动场和水上运动场，不外出放牧。吃食、饮水可在舍内，也可在舍外，一般不设饮水系统，饲养管理不如全舍饲严格。

（三）育成鸭的圈养技术要点

1.选鸭、分群与密度

转入育成舍前，淘汰体质弱和个体轻的雏鸭，选留体重达标、健康种公鸭。不符合种用标准的鸭全部转入商品鸭群进行育肥。并按大小、体质强弱进行分群，一般200～300只为一小栏分开饲养。

饲养密度随鸭龄、季节和气温的不同而变化。一般可按以下标准掌握：5～10周龄，15～10只/平方米；11～20周龄，8～10只/平方米。

2.饲喂

最好饲喂饲料颗粒，大小一般为3～4毫米。在喂料前，饲喂适量切碎的青菜和水草等。不同品种蛋鸭因体重大小不同，其喂料量有所不同，可根据饲养的品种，按照供种单位推荐的各周龄鸭的喂料量进行喂料。一般体重在1500～1600克的蛋鸭，育成期每天每只推荐喂料量：5周龄鸭80～85克，6～7周龄鸭100～105克，8周龄鸭110克，以后每周增加5克，从15周龄开始到18周龄每只每天维持喂料140克。

育成鸭饮水多，需水量大，需适当增加饮水器数量，水要常换，保持新鲜清洁。饮水器和水盆上最好覆盖有铁丝网，阻止鸭进入水中而又不妨碍其饮水和溅水洗理身体。水位高度应同鸭背持平，既方便鸭饮水，又不使饲料随水从鸭口中流出。采用自动饮水器的，要经常注意检查其供水情况，适时修理和更换损坏的饮水器，同时运动场应适当放几个水盆，水深以从鸭鼻孔到喙端的距离即可。

3.适当加强运动，防止过肥

每天定时赶鸭在运动场作转圈运动，每次5～10分钟，每天活动2～4次。

4.限制饲喂、控制体重

限制饲养时间一般从8周龄开始，到16周结束。限饲方法一般有限量（规定饲喂用量，一般粗蛋白质15%左右，每天给鸭饲喂80%的饲料量）、限质（降低能量、蛋白质含量及赖氨酸的含量，粗蛋白质13%～14%）。从8周龄起，每隔一周在其上午喂料前空腹情况下，随机抽5%～10%的鸭逐一称重，求平均体重，与标准体重比较，力争使育成鸭平均体重与标准体重一致。

5.提高鸭子胆量，防止惊群

青年鸭胆小，蛋鸭神经尤其敏感，要利用喂料、喂水、换草等机会，多与鸭群接触，提高鸭子胆量，以防环境改变时，引起惊群。

6.弱光照明

青年鸭在培育期，不用强光照明。舍内通宵弱光照明，光照时间8～10小时，光照强度在5～10勒克斯即可。如30平方米的鸭舍，用15瓦白炽灯即可。

7.建立一套稳定的管理程序

要根据鸭的生活习性，定时作息。形成作息制度后，尽量保持稳定。

五、林地生态养鸭技术

我国各地有丰富的山林资源，林木比较高，下部枝杈少，林下空间多，虫草数量多，适合利用林地养鸭。

（1）注意林木株行距应根据树种的特性，合理确定株行距。防止林地树木过密，林下阴暗潮湿，不利于鸭的健康和生长。

（2）鸭舍建造根据养鸭者的实际条件，可建造规范鸭舍，也可使用较简单的棚舍。

（3）饲料林下青草、昆虫，林地中还有丰富的野生中药材等，都是鸭良好的野生饲料资源。林地青绿饲料不足，还可以通过从附近刈割或收购一些青草、廉价蔬菜作为青绿饲料的补充。一般林地放养场地不缺沙土，可不用额外补充。也可在鸭舍附近林地放置一些沙粒，让鸭自由采食。

（4）防止潮湿管理好林地排水设施，雨后及时把积水排出。鸭舍建在地势较高的地方，垫高鸭舍地面，鸭舍四周做好排水处理，雨天及时关闭门窗，防止鸭舍漏雨等。

（5）林间种草青饲料中的各种维生素是鸭不可缺少的营养成分。由于鸭群的生长量不断加大，应当适当种植牧草予以补充。尤其在林下植被不佳的地方，可人工种植优质牧草。

（6）分区轮流放牧在林地生态养鸭过程中，宜采用分区轮牧的形式，将连成片林地围成几个饲养区，一般可用丝网隔离，每次只用1个饲养区。轮放周期为1个月左右。如此往复形成生态食物链，达到林鸭共生，相互促进，充分利用林地资源，形成良性循环。

（7）谢绝参观外界对林地的干扰较少，但应注意严格限制外来人员随便进入生产区，尤其要注意养殖同行进入鸭的活动区参观。必要时，一定要对进入人员进行隔离、消毒，方能进入生产区。

（8）强化防疫意识建立健全的防疫制度，防疫是林地养鸭健康发展的保障，林地养鸭专业户要主动做好禽流感、新城疫等重大动物疫病的防治工作。如果林地养鸭场没有建立健全的防疫制度，外来人员出入频繁，消毒措施不到位，给疫病的传入带来了一定的隐患。

第三节　鹅的生态养殖技术

我国养鹅历史源远流长。据考证，我国养鹅已有3000多年的历史。中国鹅是世界最著名的鹅种之一，也是东亚大陆的主要鹅种，曾被许多国家引进饲养并用于改良当地鹅种，早在1788年中国鹅就输入美国。中国鹅1848年被国际公认为良种。由于中国鹅适应性强，肉质好，并以产蛋多而著称于世，所以国外不少著名的鹅种均含有中国鹅的血统，对世界鹅业发展做出了重大贡献。

一、养殖鹅的制约因素

中国鹅在漫长的品种形成和养鹅实践过程中，勤劳智慧的中国人在不断总结经验，积累了一套行之有效的养鹅技术，在鹅的选育、饲养管理、鹅产品加工及综合利用等方面都取得了一定的成就，但还有很多的因素制约我国养鹅业的发展，其中表现明显的有以下几个因素。

（1）鹅的品种逐渐退化，因为鹅在农村进行长期养殖，通常都是自然交配，使近亲繁殖逐渐严重，导致鹅的品种逐渐退化，成为农村养殖鹅业的严重因素之一。

（2）饲养管理技术落后，农村养鹅多以放牧为主，补饲严重不足。近年来，随着农村的劳务人员的大量输出，导致农村劳动人口多为老人、妇人和孩子，受制于文化水平的限制，使得鹅的农村养殖技术和管理技术都相对缺乏，成为农村养鹅业进一步发展的制约因素之一。

（3）重视药物治疗但忽视防疫，日常的环境控制和正确的免疫程序是保证鹅群健康生长的基础。在实际的生产过程中，很多养殖户对“防重于治”的原则很少引起足够的重视，很少花钱在消毒、预防性投药和购买高质量的疫苗上，仅仅将疾病的控制寄托于药物治疗上，基本上是一种不病不治的状态。

（4）盲目滥用药物，免疫接种不合理目前，部分养殖户在饲料中盲目加大投药剂量或长时间大剂量的使用抗菌药物；更有人随意将几种药物混合使用，降低了药效，同时由于某些疫苗的质量问题，往往造成免疫失败。

二、鹅的孵化

鹅属卵生动物。孵化则是鹅进行繁殖后代的一种特殊方法。鹅胚胎的生长发育分为2个阶段：第一个是成蛋阶段，即母体内发育阶段，其中包括排卵、受精至蛋产出。此期没有分裂的次级卵母细胞称为胚珠，而受精后次级卵母细胞经过分裂后形成胚盘（又分为明区和暗区）。第二个是成雏阶段，是在母体外于适当的环境条件下完成的，包括胚胎继续发育和成雏，这一过程特称为孵化。

抱性是鹅的本能，用以天然孵化繁殖后代。鹅的抱性既受遗传基因控制，也受内分泌及环境条件影响。鹅的抱性经人工育种后向2个方向发展：一是依旧保持强烈的抱性，如狮头鹅、雁鹅、浙东白鹅、句容四季鹅等品种，养殖户可利用其进行天然孵化；二是抱性向退化方向发展，如四川白鹅、太湖鹅、豁眼鹅等品种，基本上无抱性，故其产蛋量较高，但必须通过人工孵化来繁殖后代。

人工孵化是现代养鹅业生产中的一个重要环节，人工孵化也步入企业化、机械化、自动化，进行鹅蛋人工孵化的前提便是要确保种蛋的质量，只有确保了种蛋的孵化率与健雏率，才能有效地提高养鹅业的经济效益，促进养鹅业的发展。

（一）异常蛋与次劣蛋的辨别

1.异常蛋

异常鹅蛋的形状大多呈长椭圆形。但母鹅所产的蛋也不一定都符合标准形状，会出现各种畸形蛋。

（1）双黄蛋。鹅蛋偶见。双黄蛋为1个蛋内有2个蛋黄，其蛋形特大，呈长椭圆形，易识别。卵子发育过程中，有2个卵子同时成熟，而且同时落入输卵管中，遂成双黄蛋，不能作为种蛋用。

（2）重壳蛋。即有2层或3层蛋壳的蛋。其形成乃由于体腔内形成的蛋未能及时排出体外，而存于子宫内，经2次或3次形成了蛋壳。产生重壳蛋的基本因素，因产蛋鹅受惊或不健康，甚至营养不良等。

（3）软壳蛋。蛋壳是柔软的，形如无硬壳只有一层蛋壳膜将蛋黄蛋白包裹起来容易变形的蛋，称为软壳蛋。形成的原因主要是蛋黄进入输卵管，形成蛋白和内壳膜后，在子宫内因无钙质分泌或不足，即行将壳膜包裹的蛋排出体外所致。应检查软壳蛋的数量，全面检查饲料配方，或检查病因。

（4）补壳蛋。蛋壳表面的一部分，填补一层石灰质的蛋壳，称为补壳蛋。一般由于在生殖道内形成蛋壳后未能及时排出，其分泌蛋壳的原料，重复于蛋壳的一部分所致，易造成雏难产。

（5）沙皮蛋或沙顶蛋。沙皮蛋泛指蛋壳组织粗糙，并具有小颗粒状物质在蛋壳的外表。此蛋壳薄易碎，主要由于分泌的钙质未能酸化，而以颗粒状的钙质沉积所致。沙顶蛋是蛋的钝端有沙粒状钙质，极易破碎，水分也易挥发，其成因与沙皮蛋相似，仅钝端沉积粗粒的钙质。

2.次劣蛋

（1）粘壳蛋又称搭壳蛋，指蛋黄粘贴在蛋壳膜上的蛋。在外表上难以区别，只有严重的粘壳蛋，壳表无光泽，粘壳部分呈黑褐色痕迹。发生的主要原因在于贮存期过长或贮存条件不良，或有霉菌侵入所致。经照蛋器可鉴别。

（2）散黄蛋因蛋贮存过久，蛋黄膜破裂，蛋黄液由蛋黄膜流出而混入蛋白内者称散黄蛋。经照蛋器可鉴别。形成的主要原因为贮存过久，又未翻蛋，蛋白内水分渗透入蛋黄，终致蛋黄膜破裂而成散黄蛋。另外，在高温贮存下，酶的活性较强，蛋黄膜的消化作用加速，容易形成散黄。还有长途运输，震荡，也可诱发散黄。

（3）气室移动蛋气室的位置不定，甚至有多数气泡，将蛋稍稍振动即听到蛋的内容物上下振荡的声音，称为气室移动蛋，照蛋时可见气室随蛋的移动而变动其位置。这是由于蛋受到剧烈震动，或蛋贮存过久，壳膜破损，气积存在里面的缘故。

（二）种蛋的管理

将异常蛋和次劣蛋进行挑选择出，选出由健康高产品种的母鹅所产的合格蛋，称为种蛋，是专供繁殖纯系、配套系或商品代用。搞好种蛋的选择、保存、消毒和运输，将为提高孵化率与健雏率奠定良好的基础。鉴于鹅蛋的产量低，种蛋的成本较高，搞好种蛋管理无疑是极其重要的。

根据鹅群的生产需要，确保母鹅产蛋处安静、安全与卫生，应采取不同的集蛋方式。种蛋的选择一定要从严，按照育种与生产指标把好关，掌握好种蛋的孵化品质。

1.种蛋的贮存

关于种蛋的贮存，种鹅场或孵化场应专设蛋库，以贮存收集来的种鹅蛋，供孵化或出售。贮存条件为：温度理想的保存温度为13～15℃，但不得高于24℃，或低于2℃；湿度相对湿度应保持75%左右。过高容易长霉菌；种蛋位置贮存1～3天，可以钝端朝上放置；超过4天以上，应以锐端朝上放置，以防增大气室；翻蛋当贮存期超过4天时，应每日翻蛋1～2次，使胚盘不易搭壳；通风蛋库应专设通风口，确保一定的通风量。并设防蚊、蝇、鼠等措施。

2.种蛋的运输与消毒

种蛋的运输和种蛋的消毒是种蛋管理的两个重点。

（1）种蛋的长途运输。长途运输种蛋，应注意这几点：①引种证明，供种单位应开具引种证明；②种蛋箱，应设计鹅蛋专用的种蛋箱，以瓦楞纸板箱层格式为宜，每个鹅蛋居一格位置，耐压又耐振动。塑料箱也可，但要铺垫柔软稻草，每层用瓦楞纸板隔开，箱板封口。种蛋箱也应进行消毒；③运输工具，近途可利用长途汽车或火车运输，长途可用火车或飞机运输。搬运时要轻拿轻放。防止颠簸与紧急刹车；④运输温度，飞机货舱能保持20～22℃，但夏季不要超过26℃，冬季物不要低于2℃。应采取有效措施防暑防冻；⑤种蛋检疫，应由当地卫生部门检验，开具检疫单。

（2）种蛋的消毒。鹅蛋在体内、产出后及贮存过程中，都可能感染各种微生物。在孵化过程中，特别是在夏季孵蛋时，常因腐败菌等微生物的侵入而造成“炸蛋”，因此集蛋后与入孵前均应严格消毒，以减少微生物污染率和胚胎死亡率，确保较高的孵化率与健雏率。种蛋的消毒主要分为种蛋清洗和种蛋消毒两大步骤。

①加强种鹅舍的卫生管理，尤其是垫料的清洁与卫生，以及适时集蛋，都将有利于减少污染，并提高种蛋的卫生品质。尽管清洗种蛋有争议，但用热的消毒水洗脏蛋仍然是一种有效的除菌方法，以挽救有价值的种蛋。当然，洗过的蛋也难以确保很干净。

②熏蒸法是种蛋进行消毒的经典消毒法。具体操作及采用消毒剂为：每立方米体积用福尔马林28毫升、高锰酸钾14克，混合后甲醛气体急剧产生。一般只能熏蒸20～30分钟，并将温度控制于20～24℃、相对湿度在75%～80%为最为适宜。熏蒸后应迅速排出熏蒸气体，以免伤及工作人员的皮肤、呼吸道。除此之外经常采用的种蛋消毒方法还有新洁尔灭消毒法、百毒杀喷雾消毒法、过氧乙酸消毒法、过氧化氢消毒法、氯消毒法、碘溶液消毒法等。

（三）种蛋的孵化方法

鹅蛋的孵化方法可分为天然孵化法与人工孵化法两类。其中人工孵化主要以机器孵化法为核心操作。

1.天然孵化法

自然孵化是具有抱性鹅的本能，迄今仍为广大农户自繁自养的主要手段，为保存良种和发展家庭养鹅业，起到了积极作用，为广大农民奔小康做出了巨大的贡献。

2.机器孵化法

机器孵化又称电气孵化。它适应集约化、工厂化生产，孵化量大，质量好，可以满足市场各方面需要。其操作程序流程如图5-12所示。

制订孵化计划→准备孵化用具用品→验表试机→孵化机消毒→入孵前种蛋预热→码盘→入孵→调节温度→调节湿度→翻蛋→捡雏→人工助产→清扫消毒→停电处理→统计报表

图5-12 机器孵化法流程图

我国广大农村传统孵坊的师傅以及有关科技人员，在实践中摸索出一系列的孵化方法，具有耗能少、成本低、易于操作及管理的特点，为我国养禽业的发展起到了促进作用。除上述自然孵化与机器孵化两种之外，常见的孵化方法还有平箱孵化法、电火两用温室孵化法、温室孵化法、桶孵法以及缸孵法等。

三、鹅蛋人工孵化的地址及工艺流程

人工孵化包括孵化厂或者孵化室的建设、设备选择与孵化各项必需条件的创造；应建有符合规范的孵化用房；配备具有较高素质的管理、技术人员和操作工人；制定并执行严格的管理规程和制度。

（一）孵化地点的选择

1.孵化场场址的选择

鉴于孵化场是最怕污染的场所，因为它承担着孵化出健康的雏禽的任务；而孵化场又是最容易污染的场所，因为它对外界环境与物件又分不开。因此，要严格选好孵化场的地址。严格来说，孵化场应该是一个独立的隔离单位或部分。它应具备以下几个条件。

①地势高燥，排水良好。

②交通及通信条件良好。

③水源充足，水质良好。

④远离居民点（1千米以外）。

⑤远离交通干线（500米以外）。

⑥远离禽场（1千米以外）。

⑦远离粉尘较大的工矿区。

⑧良好的设备。

⑨电力供应有保障，配备发电设备。

2.孵化场的布局

根据不同的规模和生产任务，可以设计不同规格的孵化场布局，如图5-12所示。

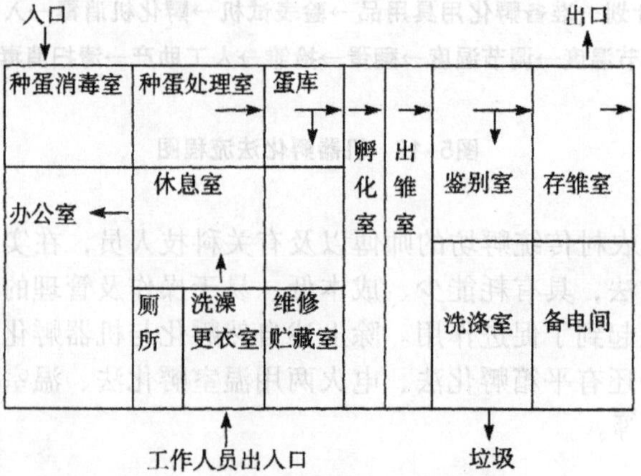

图5-12　孵化场平面布局示意图

孵化厅空间要求孵化场用房的墙壁，地面和天花板，应选用防火、防潮和便于冲洗的材料，孵化场各室（尤其是孵化室和出雏室）最好为无柱结构，以便更合理安装孵化设备和操作。门高2.4米左右、宽1.2～1.5米，以利种蛋和蛋架车等的运输。地面至天花板高3.4～3.8米。孵化室与出雏室之间应设缓冲间，既便于孵化操作，又利于防疫。

孵化厅的地面要求孵化厅的地面要求坚实、耐冲洗可采用水泥或水磨石等地面，承载力为73.5兆帕，平整度要小于5毫米。孵化设备前沿应开设排水沟，上盖铁栅栏（横栅条，以便车轮垂直通过）与地面保持平整。

孵化厅的温度与湿度要求环境温度应保持在22～27℃，环境相对湿度应保持在60%～80%。

孵化厅的通风要求孵化厅应有很好的排气设施，目的是将孵化机中排出的高温废气排出室外，避免废气的重复使用。为向孵化厅补充足够的新鲜空气，在自然通风量不足的情况下，应安装进气巷道和进气风机，新鲜空气最好经空调设备升（降）温后进入室内，总进气量应大于排气量。

孵化厅的供水加湿、冷却的用水必须是清洁的软水，禁用镁、钙含量较高的硬水。对于使用水冷或喷雾加湿的孵化机，水压应保持在294～490千帕。供水系统接头（阀门）一般应设置在孵化机后或其他方便处。

孵化厅的供电需注意以下几点：①电源参数，380伏（±10%），220

伏（±10%），50赫；②电源连接为三相五线制，导线截面应足够（五线中有一线接地）；③每台机器应与电源单独连接，安装保险，总电源各相线的负载应基本保持平衡；④建议安装备用发电机，供停电使用；⑤一定要安装避雷装置，避雷地线要埋入地下1.5～2米深。

（二）鹅蛋的孵化工艺流程

雏鹅的整个孵化工艺流程必须严格遵守以下几项原则：①单向流程作业不得逆转；②易于消毒和清洗；③投资少，周转快；④符合机器设备的技术要求；⑤保障工作人员的安全和健康；⑥确保通风良好。如图5-13所示。

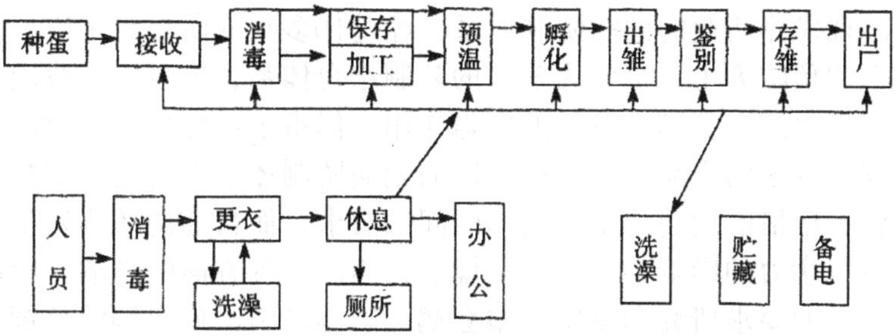

图5-13 鹅蛋的孵化工业流程图

四、鹅绿色饲养的系统工程建设

鹅绿色饲养的系统工程建设需要将其生产体系的建设和标准化建设问题搞好，不仅如此，鹅绿色饲养生产体系建设中需要做好完善的规划和要求，并严格实施，才能保证鹅的绿色饲养系统工程建设顺利进行。

（一）搞好鹅绿色饲养的生产体系建设

鹅生长快、饲料转化率高，能在短期内生产、提供大量营养丰富的肉、肥肝等产品，是人类解决动物蛋白食品的理想来源。20多年以来，由于应用了现代科学技术的成就，我国的养鹅生产已形成了现代养鹅业的系统工程。因而在发展鹅绿色饲养时就必须采用这些系统工程建设的成就。其高效生产体系包括如下。

1.良种繁育体系

鹅绿色饲养需要有高产、规格化的品种供应。其繁育体系包括育种、制种和随机抽样性能测定3个部分。我国鹅业良种繁殖体系在建设上已经形成规模，不仅引进了数个国外鹅良种，还对国内地方鹅种进行了选育和杂交利用。但怎样将目前已经建立的良种繁殖体系能为鹅绿色饲养服务，并且真正建立起我国自己的、围绕鹅的良种标准化繁育体系，这还有相当长的一段路要走。

2.饲料生产体系

有了高产鹅品种，必须有满足高产鹅种所需要的各种营养物质，才能保证正常生长发育和生产，这就需要营养试验研究和饲料加工配合两部分构成的一整套饲料生产体系。但是鹅绿色饲养的营养供应，与一般鹅生产的营养供应不完全等同，除了要保证营养供应充足外，还要考虑提高营养元素的吸收率，降低营养物质向外界的排放，减少营养物质给外界环境造成的压力，更要保证配合饲料的质量达到绿色化要求。

3.鹅病防制体系

我国现代养鹅业的鹅病防制体系，经过10多年的研究与推广，已经形成了一个“预防为主、治疗为辅”的防制结合体系，这对保证我国规模养鹅业的正常生产，起到了良好的保障作用。但由于鹅绿色饲养对产品要求远大于规模养鹅的产品质量标准，因而鹅病防制体系上将更加重视预防，对治疗将有严格的用药范围和用药时间的要求。而目前的鹅病发生，既受到鹅本身抗病力的影响，又受到环境、人为因素等方面的影响，所以按照鹅绿色饲养的要求研究和制定一整套鹅病防制措施，构建鹅绿色饲养的疾病防治体系，以保证鹅绿色饲养的顺利实施。

4.鹅舍设备供应体系

鹅绿色饲养要求的是提供鹅最佳的生长、繁殖环境，保证鹅健康、正常的生活，减少和杜绝鹅的发病。因而必须围绕鹅绿色饲养来研究、开发配套饲养设备的供应体系。

5.生产经营管理体系

这是绿色养鹅业系统工程中的主体体系，无论何等规模的养鹅场，都要有一整套按绿色生产要求的日常经营和管理体系。养殖企业必须按照绿色养鹅生产经营管理操作规程执行。

（二）搞好鹅绿色饲养的标准化建设

要实行鹅绿色饲养，必须实现整个饲养过程的标准化生产，只有这样才能按规范化的操作要求来实施鹅绿色饲养。因此就必须走生产工厂化、规范化，经营专业化、信息化，管理科学化、自动化，品种品系化、杂交化，饲料全价化、绿色化，环境园林化、生态化，产品优质化、绿色化之路，就必须在整个养鹅生产的全程来提高科技的含量，按科学标准来指导绿色养鹅生产。

1.生产工厂化、规范化

现代规模养鹅业发展的结果必将把数以万计的鹅集约化饲养，以高的效率最大限度地把饲料通过鹅转化为鹅产品，以满足市场需求。但鹅绿色饲养，并不是简单地在规模养鹅上增减，而是按照绿色生产的要求，走绿色化养鹅之路，使鹅在场内健康、正常的生活下生长、繁殖。

2.经营专业化、信息化

现代养鹅业包括育种公司、种鹅场、孵化厂、肉鹅场、屠宰加工场、饲料厂和药械厂等都是专业经营。虽然各环节间联系非常紧密，但任何一个投资实力再大的企业，也不可能将这些所有生产环节都成为自己的内部公司，因而就存在着从中选择一项或若干项组织生产，实施专业化和信息化生产。

3.品种品系化、杂交化

鹅绿色饲养为了保证高产、稳产的生产性能，必须使用高产专门化品系及其配套筛选的杂交种，以保证生产性能稳定可靠，使鹅体抗病力强、品质高，商品鹅体重、外形、外貌或鹅体重等达到标准化，提高生产的初级产品规格的一致性，达到生产高档绿色鹅产品的要求。

4.饲料全价化、绿色化

在鹅绿色饲养上，供应给鹅的饲料必须达到营养的平衡、全价外，还必须达到清洁、安全、绿色化。因而在选购的饲料、各种原料应符合国家的绿色原料质量标准。同时饲料生产过程也必须按绿色化要求进行饲料加工。

5.产品优质化、绿色化

鹅绿色饲养的最终目的是生产出优质、符合绿色质量要求的鹅产品。因而绿色养鹅就必须严格按绿色食品生产规程来组织生产。在强调产品质量的同时，鹅绿色饲养也更强调饲养环境的清洁化、绿色化，强调将产品质量与环境质量等同起来，实施可持续性发展。

（三）实施鹅绿色饲养生产体系规划的基本要求

鹅的绿色生产体系规划需要注意的有：①生产体系规划的系统化；②生产项目规划的产业化；③工艺流程规划的生态化；④项目投入产出的高效化；⑤生产操作技术的规程化；⑥生产设施设备的规范化。不仅如此，对于鹅绿色生产体系的规划而言，生产工序组织的持续化、疾病免疫防疫的整体化和生产经营管理的信息化三项要求尤为重要。

1.生产工序组织的持续化

整个系统化工程建成后必须保证各子项目满负荷生产，不得有闲置的设备和人员存在。绿色养鹅要从根本上得以可持续性发展的条件是，必须使产品符合绿色要求，必须使整体经济效益高于一般性养鹅生产，否则鹅绿色饲养即使产品质量再高，都不会有很多人去实施。要保证鹅绿色饲养的可持续性发展，必须在鹅绿色饲养内部的各项生产工序按持续化来组织。由于鹅绿色饲养的最终主产品是鹅肉，所以整个生产工序中包括饲养工序中面临的活鹅，这道工序是在任何情况下均不能停产的，因而整个工序必须以饲养工序为中心；而整个工序的终产品是鹅肉，消费者最关心的是终产品的质量，所以整个工序从质量控制上必须以终产品的质量为核心。实际上质量核心受到中心工序的影响很大，这也是过去容易忽视的关键所在。由于饲养工序有着不可停顿的特点，同时由于鹅产品的整体消费者的消费不可停顿性，所以整个工序应按照不可停顿性来组织实施。

2.疾病防疫免疫的整体化

在鹅绿色饲养的整体生产环节中，由于养鹅饲养环节中疾病因素及污染源的存在，为降低疾病及病原微生物对整个生产环节的影响，所有生产环节均要实施疾病及病原微生物的清洁化处理。由于外源性病原微生物在任何环节中均存在，影响着饲养环节中的病原微生物的传播和疾病的发生，所以鹅绿色饲养强调的是疾病防疫和病原微生物控制的整体化。这也决定了鹅绿色饲养中，必须从整体上、从所有涉及环节上按绿色生产要求进行规范化处理。

3.生产经营管理的信息化

由于整个鹅绿色饲养项目既是一个庞大的系统工程，又是一个各自独立的产业化工程；既是一个饲养、屠宰、加工过程，又是一个环境、产品质量控制过程；既是一个追求社会效益的全民工程，又是一个提高经济效益的养殖工程。所以整个生产、经营中有相当复杂的管理工作要处理，而且绝大部分处理必须是先处理，而不能后处理，这就必须要建立管理系统。首先要求各环节将信息及时汇总，同时要对来自各环节的信息及时整合和反馈，所以要求各子项目操作人员要有全局观念、整体意识，要求项目管理者具备较高的管理才能，能及时对信息进行处理，及时减少和杜绝不利于绿色产品生产的因素出现。由于畜禽产品市场的国际化，所以现在的市场范围不断扩大，市场的时间、空间范围不同带来的对绿色产品的需求及效益回报也不一样，因而如何按市场对产品数量和质量的要求来组织生产，是鹅绿色饲养中经营管理的主要任务。所以利用信息化网络来收集信息、处理信息、利用信息，掌握生产质量主动权和市场需求主要权，是实施绿色养鹅生产的关键所在。同时所有人员还必须具备绿色养鹅生产操作规程知识，把绿色养鹅生产作为我国畜牧业能否长期生存的关键所在来认识。

第四节　马的生态养殖技术

一、马的特点

马经过长期进化，形成了大小不一、类型各异的许多品种。有的体高可达2米，体重1200千克；而玩赏马体高只有30～80厘米，体重14～40千克。但是它们都有马的共同特点。

（一）感觉

有关马的感觉器官主要介绍以下几点，在马的生态养殖过程中需多加注意。

1.视觉

马眼位于头部两侧，视野为圆弧形，全影视野为330°～360°。两单眼视野在中央重叠的部分只有30°左右，主要是平面影像，缺乏立体感。因此，马对距离的分析、判断能力差，在向后退时容易失误。

障碍是调教马的困难科目，常发生跨越拒跳的现象，即使已熟悉的跳跃动作如不经常复习，也易忘记。马除能看到正、侧方位外，还有后视野，单后蹄后踢动作十分准确，就是因后踢是在视野范围之内，所以使役或控制马时，对它的后肢后踢要特别警惕。

总之，马的视觉不很发达，远不如嗅觉和听觉。我们在接近和调教马的过程中，不能以人的视力去理解马，要注意先用声音通知它，不能突然靠近马或接近其后躯，蹲下工作，以防发生危险。

2.嗅觉

马的嗅觉很发达，马鼻是信息感知能力很强的器官，它能在听觉或其他感知器官尚未察觉到的情况下接收外来的各种信息，并能迅速做出反应。

马识别外界事物主要是靠嗅觉。靠嗅觉识别主人、同伴、母子、性别、发情、路途、厩舍、厩位、饲料种类，靠嗅觉寻找水源，根据粪便气味寻找同伴或避开野兽。

在调教或接近不熟悉的马时，应先让马嗅闻鞍、挽具，消除其恐惧感。当马鼻翼搧动，做短浅呼吸，强烈呼气并发出响声时，表示其预感危险和惊恐，应给以抚慰。

利用马嗅觉敏锐的特点，还可以调教马在固定位置排便。先将圈舍清扫干净，在指定位置放一些粪便，将马放入，任其闻嗅，在粪便氨味的刺激下，马就会慢慢养成在指定地点、时间排便的习惯，尤其是赛马在比赛前15分钟排便更有利于比赛。

马靠灵敏的嗅觉来判定自己所处环境和事物，并做出相应的反应，饲养管理人员应仔细观察马的嗅觉行为，及时发现和改进对马不利的因素和条件，不仅能保证马匹的健康，也可防止发生事故。

3.听觉

马的听觉发达，听远隔音和低弱音的能力比人强，可分辨声音的频率、音色和音调，并可对此建立条件反射。盛装舞比赛时马能在音乐伴奏下跳舞。过强的音响对马是不良刺激，甚至会受惊。调教中要注意马对汽笛声、锣鼓声、枪炮声的适应性训练。

4.味觉

马的味觉不灵敏。对苦味不敏感，喜欢吃甜的，一般不吃酸的。因为味觉感知能力一般，所以马采食食物的范围很广，对很多饲料都能适应，但马遇到特别可口的食物时，特别是很饥饿时，会吃下超过胃正常容量的食物而引发消化道疾病。

5.触觉

敏感程度因类型、品种、气质类型、疲劳程度和身体部位而不同。如重型挽马、疲劳的马触觉敏感程度就差些，四肢、腹、唇、耳就比较敏感，人在接触这些部位时要注意安全，不可贸然行事。

6.温觉

马的温觉感受器分布在全身皮肤表面及口腔、鼻腔、肛门等黏膜部位。凡触觉敏感的部位温觉往往迟钝。马能感受1℃左右的温差，公马采精时，假阴道的温度相差1℃就可能采不出精液。

7.痛觉

马的上唇、蹄冠、耳、眼部痛觉敏感。所以，兽医人员在治疗或装蹄时，为了分散马的注意力而使用鼻捻子和耳夹子保定。

8.平衡感觉

平衡感觉对马体在空间的定位、维持身体平衡和实现姿势反射有重要意义。乘马、马术马、放牧用马都要有敏锐的平衡感。调教和骑乘中，人体重力的偏压，腿的扶助可引起马平衡感的变化，以使其改变方向、速度、步伐和动作。

（二）习性

马有许多好的习性可被我们加以利用。

1.合群性

马合群性的强弱与品种、饲养管理条件有关。群牧马比舍饲马强，轻型马比重型马强。人利用这一习性可组织马群放牧，利用经过训练的“头马”带群，训练装车、过河。由于单个马不愿离群，在调教时要注意训练单马出列或执行任务。

2.记忆力和模仿力

马的大脑发达，可记住主人、道路、水源、厩舍、饲喂和休息地点、被惩罚处、不正当的对待或伤害。“老马识途”，马即使离群数月乃至数年，它仍可返回原地。在赶运马时要防止其逃回原产地。

马有很强的模仿能力，调教时可以利用老马带新马，学习复杂动作。但它也可以模仿坏动作，所以要把有咽气癖、啃癖、自淫癖的马隔开，以免别的马模仿。

3.竞争和争斗

马的竞争心理非常强，彼此互不相让，并行的马总是越走越快，总想超过对方。赛马就是利用这一特点。在竞赛中，虽鼻口喷血，体力难支，也竭尽全力，直至死亡。

公马喜争斗，尤其在配种季节，为抢占母马，都要经过激烈的争斗，一旦形成优胜序列，则以公马为核心组成各个小家群。对好争斗的马要注意管理，拴系或牵遛时相互要保持一定的距离。

（三）采食和消化特点

马通常是站立采食。靠上唇和切齿吃草，故可利用牧地上的短草，在产草量低的草地上与牛混合放牧时，往往出现马肥牛瘦的现象。马采食细，咀嚼缓慢，壮龄马使用混合饲料时，一般每分钟咀嚼70次左右，每次采食饲料50～100克。由于马的胃容积较小，胃内食糜排空快，所以马每日采食时间不应少于6～8小时。夜间喂草可提高马的采食量，保证健康，“马不喂夜草不肥”是有科学道理的。

马胃容积只有18升左右。我国本地马的胃容积约与绵羊胃容积相等。马不能呕吐，食糜在胃内停留4小时左右。因此，每次饲喂量不能过多，否则易发生胃扩张病或胃破裂。

马的肠道全长22～40米，容积200升左右。马的盲肠和结肠比牛的发达，饲料的粗纤维主要在有微生物寄居的盲肠内消化吸收，但对粗饲料的利用率仍低于牛。

马肠道的内径大小不匀，在饲养不当或气候骤变时，容易发生结症。

马每日分泌唾液可达70～80升，可见保证马充足饮水的必要性。

（四）马的信息传递和行为表现

马主要是靠嗅觉、听觉和视觉来接受传递的信息。其中马的嘶鸣是传递信息的重要方式。如马饥渴时向主人呼叫或近距离内母仔之间的呼叫，通常会发出低而短的鼻颤音；呼叫同伴、母仔相互寻找，母马、幼驹和骟马会发出单音而拉长、带有颤音的长嘶；公马发出短而急的长嘶；发出尖而单一的嘶叫表示愤怒；短而尖，声音小，不连续的嘶叫表示烦躁不安；短促无节奏地乱叫是马痛苦呼救的信号。

马的行为表现很多，主要有以下几种。

1.警惕注意

马警惕注意时，头颈高举，耳前伸，转动频繁，目光直视，试图捕捉声音来源和方位，鼻翼搧动，有时打响鼻。遇到这种情况，养马者应加以抚慰，消除不利因素，防止马匹受惊吓。

2.惊恐

惊恐和警惕注意时的表现相似，但程度严重，还表现出四肢乱刨跳，尾收紧，全身表现紧张，做逃跑状。此时主人应加强抚慰和控制，尽力消除其惊恐的原因。

3.示威

马双耳后背、目露凶光、头颈高举、鬣毛竖立、点头吹气、皱唇、对在其后侧的攻击对象做后肢倒踢动作，回头示意。人接近时，应用温和的声音抚慰或厉声训斥，从安全的方向慢慢接近，并加强控制，严防发生事故。

4.咬、踢、扒的表现

马要咬人时，首先有示威的表现，然后猛地扑过来。尤其是老龄公马、公驴常常形成咬人的坏习惯，要加强管理，严加纠正。踢、扒的行为多因饲养管理不当、调教不良所致，一般都是先有示威表现，然后低头，双后肢同时后踢并发出尖叫，但双肢后踢不如单蹄后踢准确。刨扒的动作比较隐蔽，一般事先没有示威行为，人们应十分注意，切忌从马的正面接近。

二、马的品种

马的品种须具备以下要求，即体形外貌要相似，生产性能一致，遗传性能稳定，同品种具有3000匹以上的数量。

品种的形成受各地自然环境条件和各个历史时期人类对马匹需要的影响，随社会经济条件而发生变化。

全世界现有近300个马种，我国有30多个马种。这些品种，能适应我国的自然经济条件，表现出良好的性能，是我国宝贵的品种资源。

马的品种分类方法很多。按培育程度可分为地方品种、培育品种和育成品种；按经济用途分为乘用、挽用、兼用及驮用品种；按品种起源分为沙漠品种、森林品种、草原品种和山地品种。

我国地方品种数量多、分布广，是我国劳动人民长期培育的结晶。这些品种适应性强、耐粗饲、抗病力强，但体型外貌还有些缺憾，体格较小，工作能力不突出，尚有提高、改良的必要。中国马地方品种主要分为蒙古马、西南马、河曲马、哈萨克马、藏马五大系统。

此外，还有地方品种马和引入品种马杂交改良，经长期选育已具备新品种条件和要求的培育品种以及由国外引入的育成品种。现介绍如下。

（一）蒙古马

产于蒙古草原，主要分布在东北、内蒙古和华北地区，是我国分布最广、数量最多的一个古老马种。

蒙古马体质粗壮结实，低身广躯。头较短而宽，颈多呈水平。前躯发育较好。四肢短而粗。体高125～135厘米，体重250～370千克。以产自内蒙古锡林郭勒盟乌珠穆沁旗的马最好。

蒙古马具有乘、挽、驮多种用途，但都不很突出。最大的特点是适应性强、耐粗饲、持久力强、体质结实。

蒙古马因受各地自然条件及人工选择的影响，又分出许多类群，如属于内蒙古锡林郭勒盟的乌珠穆沁马，体格较大，速度较快，还有善走沙地的乌审马和适应走山地石路的百岔马，此外青海的浩门马、岔口驿马，新疆的焉耆马也属蒙古马系统。

（二）西南马

西南马产于我国西南地区的云、贵、川、桂和鄂西及陕南等地，约有200多万匹，占全国马总数的22%。这些马无论从来源、形成历史和体尺外貌诸多方面都基本一致，与我国北方的草原马种完全不同，是除蒙古马之外又一最大的、独立的马种系统。

西南马体格不大，短小精悍，灵敏温驯，结构紧凑，有悍威。外形为头重、额广、眼大、耳小、鼻翼开张好。颈比蒙古马发育好，略短呈水平。鬐甲低，肩短立，背腰短，坚强有力，尻短而斜。四肢较细，肌腱发达，系短立，蹄小质坚，后肢多刀状肢势。被毛短密，长毛多而长。体高一般为105～125厘米，体重为155～255千克，表现出小型驮马和乘马体态。

西南马驮载力强，崎岖山路运步轻快踏实。长途驮载80千克，日行30千米；短途驮载可负重100千克以上；单马驾车可载重350～400千克。骑乘速度最高纪录800米为1分1秒，1000米为1分20秒，1600米为2分10秒。

现今随着人们生活水平的提高，人们更加重视对精神文明的追求，西南各族人民的传统体育活动和民间马术不断发展，西南马应在统筹规划、因地制宜的原则下，以本品种选育为主，根据国民经济的需要和各地的实际情况进行分型选择，提高其品质和性能，使之向现代马种过渡。

（三）河曲马

主要产于甘、青、川三省交界的地区，以四川省若尔盖县出产的最好。

河曲马体型偏挽用的较多。头略重，鼻梁稍隆起。胸廓深长，尻宽略倾斜，四肢粗壮。体高135～140厘米，体重330～400千克。以善走水草滩和适应于高原环境而出名。能吃苦耐劳，耐粗饲，好喂养，易上膘，恋膘性强，合群性好，发病少。

（四）哈萨克马

集中分布在新疆伊犁哈萨克自治州及邻近地带。属于草原种，对大陆性干旱寒冷气候和草原生活环境很适应。

哈萨克马头中等大，颈长适中。胸稍窄，背腰稍长，尻宽而稍斜。乘挽兼用型的马体格较大。骨骼较粗，肌肉发育良好。其体尺大于蒙古马，与河曲马相近。

哈萨克马适于骑乘和乘挽兼用，适应性很强，役用性能强于蒙古马。特别是产肉、产奶性能都较好，是发展我国肉马业的重要马种。

（五）藏马

产于青藏高原，分布在海拔3600～4000米的高原上。

藏马体尺接近于蒙古马，大于西南马。头较小，胸宽深，后躯发育良好。体质非常结实，善于攀登山路，乘、挽、驮都可以，是藏族同胞的重要交通运输工具。

（六）伊犁马

产于新疆伊犁哈萨克自治州，以昭苏、尼勒克、特克斯、新源、巩留县为主要产区。是在哈萨克马的基础上，与引入品种进行杂交而培育出的乘挽兼用型品种。目前新疆伊犁已有40万。

伊犁公马体高1.48厘米、母马141厘米左右，昭苏马场产的伊犁马外血多，体高较大，体型较清秀，更适于乘用。巩留、尼勒克产的体型较小，但较粗重。伊犁马外形俊美，体质干燥（干燥是指皮下结缔组织不发达，关节肌腱轮廓明显，皮肤较薄，被毛短细）、结实，头中等大，颈长中等，背腰平直，尻宽稍斜，四肢结实。伊犁马有很好的速度、持久力和较大的挽力。抗病力、利用粗饲料的能力都较强，是国内耐力最好、速度最快的品种。骑乘速度，1000米为1分43秒，1600米为2分87秒。

新疆昭苏种马场有马近5000匹，正以纯血马和新吉尔吉斯马与伊犁马进行杂交改良，以提高速度耐力，向马术用马方向发展。另外，还用重型阿尔登马与之杂交，以提高肉乳性能。

（七）三河马

主要产于内蒙古呼伦贝尔三河地区。

三河马是我国优良的培育品种，体高145～155厘米。体型较轻，头颈俊美，鬐甲和胸廓发育良好，具有耐粗饲、耐寒、抗病的特点，速度、耐力兼优。是用于赛马的首选品种。

今后仍应以本品种选育为主，适当以阿拉伯马杂交来改善体型、结构，以纯血马杂交提高速度。

（八）山丹马

山丹马是原甘肃省山丹县马场培育的新品种，山丹马体高138～144厘米，体重366～439千克。

山丹马体质粗糙结实，体型长方，躯干粗壮，头大小中等，耳小灵活，额宽，颈中等长较倾斜，颈础稍低，肩中等长斜，背长宽平直，胸深宽、胸围发育良好，有草腹，尻宽中长，偏短斜，四肢结实干燥，后肢有轻度刀状或外向；关节稍大，筋腱明显，蹄质坚硬。

骑乘速度1200米为1分35秒，1600米为2分13秒，3200米为4分55秒7，5000米为8分13秒8善走对侧步，1000米成绩为2分11秒。

现正在进行速度耐力型马匹“山丹骑乘马”的育种工作。

（九）纯血马

纯血马起源于英国，已有900余年历史，分布于世界许多国家，因产地不同常在纯血马之前冠以该国名字，如美国纯血马、日本纯血马等。纯血马头中等大小，清秀丽干燥，多直头，两眼间距宽，双目有神，颈长而略轻。鬐甲高长，背直，尻长且呈正尻型，胸深而长。四肢高长、干燥，关节明显，筋腱发达，蹄中等。皮肤细腻而有弹性，距毛稀少或无。毛色以骝毛、褐骝、栗毛居多，青毛和黑毛其次，沙毛极罕见。纯血马体高一般都在160厘米以上。

针对我国缺少优良骑乘马种的现状，引进世界优秀马种进行纯种繁育和改良，重点提高速力，是我国骑乘马育种、马术运动的出路。纯血马将在骑乘马育种中起重要作用。

三、马的饲养管理

马草食家畜，靠采食草类及农副产品维持生命和进行生产活动。凡是能被家畜采食、消化、利用，对家畜无毒害作用的物质都叫饲料。饲料中含有的对家畜维持生命，进行生产活动有用的物质叫营养物质。我国地域辽阔，各地气候条件不同，饲料种类也不一样，而各种饲料中的营养物质含量也不相同。我们应掌握各类饲料的特点和马驴骡对各种营养物质的需要量，根据当地饲料条件选用和调制，粗细搭配，科学饲养。

（一）饲料主要养分及其作用

饲料中的养分主要有蛋白质、碳水化合物、脂肪、维生素、矿物质和水分。

1.蛋白质

蛋白质是一切生命现象的物质基础。它不仅是组成马驴骡机体的重要原料，还维持机体的物质代谢。所以，它是不能由其他营养物质代替的。在饲养实践中，一定要注意蛋白质的供给，尤其是要满足幼驹、妊娠和泌乳母畜、配种期种公畜的需要。

2.碳水化合物

主要是供给马驴骡能量需要。能量是马驴骡干活时的力量源泉。其次，碳水化合物是组成畜体的成分，剩余的碳水化合物还能转化成体脂肪贮存起来，以备饥饿时利用。

碳水化合物中包括粗纤维、淀粉和糖类。粗饲料中有许多粗纤维，虽然它不易被消化利用，但能填充胃肠，使马驴骡有饱腹感。它还能刺激肠的蠕动。所以，粗纤维也是重要的物质。

3.脂肪

它是供给马驴骡能量的重要来源。脂肪在体内产生的能量是同等数量碳水化合物或蛋白质产生能量的2.25倍。脂肪贮存于器官的组织和细胞中。还是维生素A、维生素D、维生素E、维生素K和激素的溶剂，有利于这些物质的吸收和利用。但是，马驴骡对脂肪的消化利用不如其他家畜。所以，含脂肪多的饲料（如大豆）不要喂得过多。

4.矿物质

包括钙、磷、钠、铁等。它们是畜体、骨骼的重要组成成分，是牲畜生长发育、正常代谢不可缺少的物质。如果矿物质不足、比例失调或喂得过多，就会发生缺乏症或中毒。

5.维生素

虽然它不是能量来源，也不是构成体组织的成分，但它是维持正常生命活动必不可少的物质。它存在于各种植物特别是青绿饲料中，但含量很少，马驴骡对它的需要量也很少，但维生素是必不可少的营养物质，它可维持机体正常代谢，过多或过少都会发生中毒或缺乏症。

维生素包括维生素A、维生素C、维生素D、维生素E、维生素K和B族维生素等许多种，维生素A可促进胎儿、幼驹的生长发育，保护成年家畜黏膜健康；维生素D能促进对钙、磷的吸收，缺少它，幼驹骨骼发育不好，容易得佝偻病，母畜缺乏易得骨营养不良或产后瘫痪。

6.水

水是重要的营养物质。畜体内一切化学反应都与水有关。马驴骡耐干渴的能力远比耐饥饿差。一般不缺水分，仅由于饥饿而牲畜体重减轻60%时，牲畜还能存活，但由于缺水，体重减轻达原体重的22%时，牲畜就会死亡。所以，任何时候都要供给马驴骡充足的饮水。

（二）常用饲料及调制方法

不同饲料种类含上述各类营养物质的数量也不一样。饲料加工、调制的方法，不仅影响饲料中养分的含量，而且也影响马驴骡对饲料的消化、利用率。所以，我们应当了解有关饲料和饲养原理的基本知识，熟悉各类饲料的营养价值、特点以及加工调制的方法，才能做到合理搭配饲料，配合日粮，以满足马驴骡的营养需要，使其健康成长，减少疾病，发挥正常的生产性能。

1.饲养马驴骡的主要饲料

（1）青绿饲料。各种野草、人工栽培的牧草、农作物新鲜秸秆和胡萝卜等块根、块茎，都属于青绿饲料。

青绿饲料的特点是含水量高，都在60%以上。因此干物质的含量就相对少。含粗蛋白质占干物质的10%~20%，并且容易消化和利用。含有丰富的胡萝卜素和B族维生素，钙、磷较多且比例也较合适。但这些饲料随生长阶段的进展粗纤维含量增多。总之，青绿饲料是一种营养相对平衡的饲料，在马驴骡的饲养中有重要作用。

要充分利用天然草地青草和田间杂草，可放牧，可刈割，尽量多晒制干草。采收时间和刈割晒制方法对青草的营养物质有很大影响。禾本科青草应在抽穗期刈割，豆科青草应在初花期刈割。晒制干草时，要防止阳光暴晒，尽量用阴干法，使其保持青绿颜色，有香味。

东北、华北地区，多在玉米孕穗期青割玉米空秆、茎梢，高粱半青黄期打底叶与麦秸混合喂马、骡。晋南地区将头茬苜蓿和麦秸分别铡碎混合，经碾压后晾晒，再堆起风干的调制干草的方法也很好。

由于青饲料含水量高，容易腐败和混入泥沙，所以应现喂现割，洗除泥沙。胡萝卜、饲用甜菜等多汁饲料喂前要洗净，切成小块饲喂。对于使役的马，为满足其营养需要，防止腹泻，不能全部喂青饲料。

（2）粗饲料。粗饲料是含粗纤维较多、容积大、营养价值较低的一类饲料。它包括干草、秸秆、干蔓藤、秕壳等。粗饲料的特点是粗纤维的含量高，不易被消化，粗蛋白质的含量差异很大。如豆科干草含粗蛋白质10%~19%，禾本科干草含6%~10%，而秕壳中仅含3%~5%。粗饲料一般含钙较多而含磷较少。含维生素D较多，其他维生素较少。

常用的粗饲料有以下几种。野干草、栽培牧草干草、秸秆、谷草、稻草、玉米秸、麦秸、豆秸和豆荚皮。

（3）精饲料。精饲料包括农作物的籽实、糠麸类（也叫能量饲料）和各种饼粕类（也叫蛋白质饲料）。

精饲料含能量高，饼粕类含蛋白质丰富，粗纤维少，容易消化，马驴骡爱吃。常用精饲料有玉米、高粱、麸皮、大麦、燕麦、谷子、豌豆、蚕豆、豆饼、豆粕、花生饼、向日葵饼、棉籽饼、大豆黑豆等。

（4）矿物质饲料。矿物质饲料对促进牲畜骨骼生长和维持正常代谢有重要作用，必须保证正常供给，对马驴骡来说，主要是食盐和含钙质的无机盐。

①食盐饲喂食盐，不仅可以补充牲畜对钠、氯的需要，而且可以增强饲料的适口性，使牲畜多喝水，有助消化。

②钙磷补充料石粉、贝壳粉是含钙的矿物质补充饲料。经常用谷物籽实或糠麸类饲喂牲畜时，更要注意补充石粉或贝壳粉。如果日粮中钙、磷都不足，应当喂给骨粉，因其中含钙、磷较多，同时钙、磷比例也适当。

除上述几类饲料外，东北、山东等地用玉米秸或青绿饲料制成的青贮饲料、胡萝卜、鸡蛋、牛奶、小麻籽（线麻籽）等都是特殊的良好饲料，但受到地区限制或可在特殊情况下喂给（如喂给种公畜鸡蛋、牛奶）。

2.饲料的调制方法

饲料的调制方法主要介绍以下几种。

（1）稻草或麦秸的碱化处理是用石灰水使稻草、麦秸变得松软，容易消化，可提高适口性和消化率。方法是将秸秆铡短，装入水池或木槽中，将配制的3%熟石灰水或1%生石灰水倒入槽中（每100千克秸秆配300升石灰水，即1：3的比例），使草浸透、压实。经一昼夜后秸秆浸软变黄，捞出后沥去石灰水，即可饲喂。

（2）秸秆的氨化处理用含氨量15%的农用氨水氨化处理麦秸、稻草等。方法是每100千克秸秆用10升氨水均匀喷洒在上面。逐层喷洒，逐层堆放，最后用塑料薄膜封紧。

秸秆经氨化处理后，颜色变为棕褐色，质地变软。其采食量比未经处理的稻草或麦秸增加20%～25%，粗蛋白质含量有所增加，消化率提高。

（3）青贮的制作青贮是一种长期保存青绿饲料、多汁饲料的好方法。青贮可以保存饲料大部分的营养物质，气味芳香，牲畜爱吃，可以弥补冬春季青饲料的不足，是饲喂繁殖母畜、瘦弱牲畜的优质饲料。

青玉米秸、青高粱秸、青燕麦、草地青草等都是制作青贮的原料，一般以玉米秸青贮为多。干的玉米秸、高粱秸也可制成半干青贮。

一般多用窖贮，这种方法简便，损失少，青贮品质较好。有圆窖和方形窖。窖的大小可以根据牲畜多少而定。每立方米的容积大约可以装玉米秸青贮料440～450千克。

青贮窖的地址要选在干燥、向阳、土质紧实、地下水位低、取用方便的地方。窖壁要求光滑、平直，便于原料下沉，不留空隙。

（4）发芽大麦、燕麦发芽后，糖分、维生素、酶类增多，可作为冬季的青绿饲料使用。

发芽方法是，用清水把麦类籽实浸泡一天，每隔3～4小时换水1次，换水时把籽实晾半小时后再加水。浸泡后放在长100厘米、宽50厘米、高5～6厘米的盘中，摊放的厚度为3厘米左右。每隔3～4小时喷水1次，并仔细搅拌。从第三天起，每隔6～8小时喷水1次，但不搅拌。6～8天时，麦芽翠绿、有清香味、味稍甜时即可用来饲喂。喂量要逐渐增加。妊娠后期的母马、母驴每日可喂0.5千克，种公畜每日喂1千克左右。

（5）干草的调制，干草是马、骡舍饲期的主要饲料，制备大量品质优良的干草，以保证全年饲料的均衡供应，是稳步发展养马业的重要措施。

调制干草就是使青草中的水分迅速降低，干燥到能够贮藏的程度。能堆贮的干草要求含水量在14%～17%，水分超过17%的干草容易霉烂腐败，过分干燥的干草，叶片容易碎落，使养分受损失。

我国广大地区主要采用自然干燥法晒制干草。一般将刈割后青草摊在地面暴晒，当水分迅速减少至50%～55%时，将青草搂成长条形或小堆，以减少暴晒面积，当水分降至20%～25%时再并成大堆，继续干燥，此时一方面可减少养分的破坏，同时在大堆中产生发酵作用，使干草产生香味。

国外已采用人工干燥法调制干草，在专门干燥室（机）内进行，在800～900℃下经几秒钟即可完成干燥。人工干燥法可使草90%～95%的养分得以保存，维生素保存量亦较高。

调制好的干草应堆垛贮藏。有条件的可打成草捆，以减少贮存空间，便于运输。干草的质量要求为，优质干草应具有草芳香味，呈鲜绿色或淡黄绿色，保存较多的叶片，质地柔软。

我国广大地区主要采用自然干燥法晒制干草。一般将刈割后青草摊在地面暴晒，当水分迅速减少至50%～55%时，将青草搂成长条形或小堆，以减少暴晒面积，当水分降至20%～25%时再并成大堆，继续干燥，此时一方面可减少养分的破坏，同时在大堆中产生发酵作用，使干草产生香味。

国外已采用人工干燥法调制干草，在专门干燥室（机）内进行，在800～900℃下经几秒钟即可完成干燥。人工干燥法可使草90%～95%的养分得以保存，维生素保存量亦较高。

调制好的干草应堆垛贮藏。有条件的可打成草捆，以减少贮存空间，便于运输。干草的质量要求为，优质干草应具有草芳香味，呈鲜绿色或淡黄绿色，保存较多的叶片，质地柔软。

（三）饲喂原则和方法

根据马驴骡的消化生理特点，结合民间经验，饲喂牲畜时应掌握以下原则和方法。

1.按畜种和个体分槽定位

由于马的采食特点和习性，即使同是马也因个体的年龄、个性不同，混槽饲喂容易发生饥饱不均、膘情不匀等现象。所以，应该按性别、老幼、个体大小、采食快慢以及性情不同分槽定位饲养。临产母畜或当年幼驹要用单槽。哺乳母畜的槽位要宽些，便于幼驹吃奶和休息。

2.按季分顿，定时定量

根据季节、农活的种类、使役的轻重以及使役时间长短，竞赛马要根据处于休闲、训练或竞赛等不同状态，确定每日的饲喂次数、饲喂时间和饲喂量。如冬季天冷夜长，农活较杂，就要分早、午，晚，夜饲喂4次；春季农活重，夏季夜短天长，天气炎热，正是蹬地时期，每日要分早、午、晚和上下午中间歇息时喂5次；秋季虽然农活较重，但天气凉爽，在干活时牲畜可以吃到粮食或秸秆，所以只需每日喂3次。

每日饲喂的时间、喂量都要固定。“定时定量，牲畜肥壮”。采食过量或不足，都有损于健康、膘情和使役。正如大家常说的“饥没劲，饱没劲，不饥不饱才有劲”。

3.看槽细喂，少给勤添

“同样草，一样料，不同喂法不同膘”，说明饲喂方法的重要性。每次饲喂时要先喂草，后喂加水拌料的草。每次给草料不要过多，少给勤添，使槽内既不剩草也不空槽，牲畜越吃越爱吃。精料要由少到多，逐渐减草加料。拌料时要撒匀拌匀，做到“有料没料，四角拌到”，最后再撒喂粒料。由于驴对饮水，量要求不多，拌草时用水不要过多，使草粘住料即可，这一点与马、骡稍有不同。

还要根据牲畜的具体情况，适当调整草料种类和数量。如老、弱的马、骡，要多给些软料，壮龄或使役重的多给些硬料。

4.给足饮水

俗话说“草膘，料力，水精神”，说明水很重要。应根据草料种类、天气情况、农活的轻重供给牲畜充分的饮水。一般每日给水4次，天热、活重时，可在早饲后、午饲前后、晚饲前和夜间各给水1次，共饮5次水。

饮水不能过急，要“饮水三提缰”，饮水急了容易发生呛肺和腹痛，特别是在牲畜刚干完活就立刻饮水，更易发生腹痛。应当在牲畜消汗后再饮水。

水槽或水桶位置不要过高，以免呛水。水要清洁、新鲜。在寒冷冬季最好不饮过冷的水。

5.饲养管理程序和草料种类不突然改变

草料种类或数量如需要改变时要逐渐进行，以防因短期内不习惯而造成消化功能紊乱。如突然给大量青草或豆科饲料时牲畜就会腹泻或发生胃扩张和腹痛。饲养管理程序是根据牲畜生理阶段、用途、年龄等制订的，一经确定不能随意改变，进入不同生理阶段时应缓慢过渡，使其适应。上述原则和方法，适合于各种牲畜。

种公畜和母畜用来配种、繁殖，各龄幼驹正处于生长发育的重要时期，所以，它们各有不同的生理特点，对饲养管理也有不同的要求，要区别对待。

（四）幼驹的培育

科学合理地培育幼驹是提高马匹繁殖成活率的重要因素，也是改良马匹，提高质量的重要手段。如果幼驹发育不良，到成年后就难以弥补。所以，培育幼驹必须从精心的饲养管理和耐心调教等方面着手。

1.幼驹的生长发育规律

幼驹的生长发育有一定的规律性，要做好幼驹的培育工作，就必须符合其生长规律。

幼驹出生至5岁这一生长发育期间，年龄越小，生长发育越快。如果幼龄时因营养跟不上，发育受阻，则会成为四肢长、身子短、胸部狭窄的幼稚体型，是无法补救的。

马驴骡幼驹在6月龄以内，生长发育最快。发育比较早的体尺首先是体高，其次是体长和管围，最后是胸围。从出生至1.5岁时，4项体尺的增长率都占总增长率的60%~70%，

说明1.5岁以内的幼驹，要特别注意饲养管理，加强培育。6月龄以内，体重的增长很快。在同样培育条件下，马驹增重速度因品种不同而有差异，如本地马驹出生至1周岁间，每日增重0.5~0.6千克，轻型马驹可达0.6~0.7千克，重型杂种驹达0.8~1千克。

不同的饲养管理条件对幼驹生长发育有重要影响。群牧条件下，幼驹往往是冬季发育停滞，夏季增长很快，而舍饲条件下的幼驹生长发育比较均衡。由于营养不良而发育受阻的幼驹不仅表现出大头、细颈、窄胸、扁肋、弓腰、尖尻等不良结构，而且内部器官和组织的发育也不均衡。

不同性别的幼驹，在初生后1年内，公、母驹发育相差不多，但培育条

件好时，公驹比母驹发育快，饲养条件差时，母驹发育好于公驹。因此，公驹对饲养管理条件要求高，日粮中精料要多些，粗料要少些。

2.哺乳驹的饲养管理

新生驹出生后，便由母体转到外界环境，生活条件发生了很大改变，而其消化功能、呼吸器官的组织和功能、调节体温的功能都还不完善，对外界环境的适应能力较差，因此饲养管理工作稍有差错，就会影响其健康和正常的生长发育。哺乳驹的哺育工作要抓好以下几点。

（1）尽早吃初乳。母畜产后3天以内分泌的乳汁叫初乳，该乳汁浓稠，颜色较黄，蛋白质比常乳（产后3天以后的乳）高5～6倍，脂肪、维生素、矿物质含量多；具有增强幼驹体质、增强抗病力和促进排便的特殊作用。所以，要尽早使幼驹吃上初乳。

幼驹出生后半小时就能站起来找奶吃。接产人员要将奶先挤到手指上让幼驹舔，然后慢慢引导它到母亲的乳头上，让它自己吸吮。如产后2小时幼驹还不能站立，就应挤出初乳，用奶瓶饲喂，每隔2小时1次，每次300毫升。

马和驴生的骡驹，千万不能吃初乳，否则会得骡驹溶血病。新生骡驹溶血病发病率常达30%以上，发病迅速，病情严重，死亡率可达100%。马与驴交配受胎后，母驴或母马产生一种抗体，主要存在于初乳中，骡驹吃后会使红细胞被溶解破坏。所以，骡驹出生后要先进行人工哺乳，喂鲜牛奶250克或奶粉20克，要将鲜奶煮沸，加糖，再加1/3开水，晾温后喂给，每隔2小时喂250毫升。或与马（驴）驹交换哺乳，或找其他母马（驴）代养。一般经3～9天后，这种抗体消失，再吃自己母亲的奶就不会发病了。

（2）注意观察。幼驹幼驹刚出生时，行动很不灵活，容易摔倒、跌伤。所以，要细心照料。注意观察幼驹的胎粪是否排出，如果1天还没有排出，可以给幼驹灌服油脂，或请兽医诊治。经常查看幼驹尾根或厩舍墙壁是否有粪便污染，看脐带是否发炎，幼驹精神是否活泼，母马的乳房是否水肿等，做到早期发现疾病，早期治疗。

（3）无奶驹的哺育。幼驹出生后母马死亡或母马没奶时，要做好人工哺育工作。最好是找产期相近的母马代养，可在代养母马和寄养幼驹身上涂洒相同气味的水剂，人工辅助诱导幼驹吃奶。如没有条件，可用奶粉或鲜牛、羊奶进行人工哺育。由于牛、羊奶的脂肪和蛋白质比马奶多，乳糖少，因此，要撇去上层一些脂肪，2升牛乳加1升水稀释，再加2汤匙白糖；或1升羊乳加500毫升水和少量白糖。煮沸后晾到35℃左右，再用婴儿哺乳瓶喂给。马驹和骡驹初生至7日龄，每小时哺乳1次，每次150～250毫升。8～14日龄时，白天每2小时喂1次，夜间3～4小时喂1次，每次250～400毫升。15～30日龄时，每日喂4～5次，每次1升。30日龄至断奶，每日喂3～4次，每次1升。驴驹体格较小，喂奶次数与马驹相同，而喂量可减少些。

（4）尽早补饲。幼驹出生后半个月，就应开始训练吃草料，这对促进幼驹消化道发育，缓解母马泌乳量逐渐下降而幼驹生长迅速的矛盾都有重要意义。补饲的草要用优质的禾本科干草和苜蓿干草，任其自由采食。精料可用压扁的燕麦及麸皮、豆饼、高粱、玉米、小米等。精料要磨碎或浸泡，以利于消化。幼驹补饲时间要与母马（母驴）饲喂时间一致，应单设小槽，与母马分开饲喂。

补饲量要根据母马（驴）泌乳量、幼驹的营养状况、食欲、消化情况而灵活掌握。喂量由少到多，如开始时每日可由50～100克增加至250克，2～3月龄时每日喂500～800克，5～6月龄时每日喂1～2千克。一般在3月龄前每日补饲1次，3月龄后每日补饲2次。如每日喂给2～2.5千克乳熟期的玉米果穗（切后喂给）效果更好。

每日要加喂食盐、骨粉各15克。要注意经常饮水。如有条件，最好随母畜一起放牧，既可吃到青草，又能得到充分的运动和阳光浴。

3.断奶后幼驹的培育

断奶以及断奶后经过的第一个严冬是幼驹生活上一个很大的转折，如果饲养管理跟不上，会使幼驹营养不良、生长发育迟缓或造成其他损失，因此绝不能粗心大意。

（1）适时断奶。一般情况下，哺乳母马或母驴多已在产后第一情期月时再次配种妊娠，泌乳量逐渐减少。而幼驹长到4～5月龄时，也已能独立采食，故应在5～6月龄时断奶。当然，还要根据母马（母驴）的健康状况和驹的发育情况灵活掌握。一般情况下在6月龄断奶。如断奶过早，幼驹吃乳不足，会影响它的发育；断奶过晚，又会影响母畜的膘情和腹内胎儿的发育。

（2）断奶方法。选择晴好的天气，把母马（母驴）和幼驹牵到事先准备好的断奶幼驹舍内饲喂，到傍晚时将母畜牵走，幼驹留在原处。第二天将母畜圈养1天，第三天开始放牧或干轻活。为减少幼驹思恋母亲而烦躁不安，可选择性情温驯、母性好的老母马（驴）、骟马陪伴幼驹。幼驹关在舍内2～3天后，逐渐安定下来，每日可放入运动场内、自由活动1～2小时，以后可延长活动时间。

为了安抚幼驹，防止逃跑或跳跃围栏，必须让母马（母驴）远离幼驹。这样经过6～7天后，就可进行正常饲养管理。

（3）断奶后的饲养。幼驹断奶后开始了独立生活。第一周实行圈养，每日补4次草料。要给适口性好、易消化的饲料，饲料配合要多样，最好用盐水浸草焖料。每日可喂混合精料1.5～3千克，干草4～8千克，饮水要充足。有条件的可以放牧或在田间放留茬地。

断奶后很快就进入寒冬。生活的改变，气候的寒冷，给幼驹的生活带来很大困难，因此要加强护理，精心饲养，使幼驹尽快抓好秋膘。饲料搭配要多样化，粗料要用品质优良、比较松软的干草，特别是要喂些苜蓿干草、豆荚皮等。一定要加强幼驹的运动，千万不能“蹲圈”。平时，人要多接近它、抚摸它，建立人马亲和关系。我国北方早春季节，气温多变，幼驹容易得感冒、消化不良等疾病，要做到喂饱、饮足、运动适量，防止发病。幼驹满周岁后，要公、母分开。对不做种用的公驹，要去势。开春至晚秋，各进行1次驱虫和修蹄。要抓好放牧。农村要尽量补喂青草，并适当补给些精料。

（五）种公马的饲养管理

饲养种公马的目的是用来配种繁殖。饲养管理方法和利用情况直接影响种公马的体况、性欲、精液品质，直接关系到配种数量、利用年限、母马或母驴的受胎率，关系到马群的数量和质量。所以，种公马的饲养管理非常重要。

1.配种期种公马的饲养管理

（1）配种准备期（1—2月）。此期的饲养管理重点就是保持公马的强健体况，养精蓄锐，减少体力消耗，为完成配种任务做好一切准备工作。

饲养上要注意蛋白质和维生素的供给，逐渐增加精饲料喂量，减少粗饲料的比例，适当给予豆饼、胡萝卜、大麦芽等。特别是对精液品质不良、瘦弱或有慢性疾病的种公马，更应加强饲养管理，精心照料，使其尽早恢复健康。

管理方面要注意运动量的掌握。一般情况下，要适当减小运动强度。乘用种公马配种前1个月，可每日骑乘2～3小时，但不要让其跑步。挽用种公马运动时，要减少快步时间。但对体况较好的马，则需要加强运动，以免因运动量不足身体过肥而降低配种能力。

为了正确判断种公马的配种能力，在配种准备期要了解种公马以往的配种记录、膘情等。要进行种公马精液品质的检查。方法是每隔24小时连续采精3次，放在显微镜下检查精液。如采精时射出来的精液量达100～150毫升，精液呈乳白色，精子活力在0.7以上，密度为1亿～2.5亿个/毫升，存活时间达到50小时以上，则为正常。如达不到这一标准，就要查明原因，及时改善饲养管理。经10～15天后再检查1次，直到精液合乎标准为止。

对所有的种公马（尤其是第一次参加配种的青年种公马）必须做好交配或采精的训练工作，以免发生拒绝交配、不射精等现象。对有恶癖（如踢人、咬人）或性情暴躁的种公马要细心调教和纠正，使它习惯交配或采精。某些性功能衰退（如阳痿、射精困难等）是由多种原因造成的，如营养不良、缺乏运动、交配过度、假阴道温度过高或过低等，要查明原因，加以纠正。

（2）配种期（3—7月）。此期种公马一直处于性活动的紧张状态，体力消耗很大，必须保持饲养管理工作的稳定，不要随意改变日粮、运动量和饲养程序，保持种公马的种用体况、旺盛的性欲和优良的精液品质。

种公马的粗饲料最好选用优质的禾本科和豆科（应占1/3）混合干草，青草期可用青割饲草（苜蓿最好）代替部分干草，但饲喂量不可过多，以防止种公马腹部过大，有碍配种。要及早喂给野草、野菜、嫩枝叶、胡萝卜、大麦芽，不但可提高适口性，而且可补充维生素和蛋白质，有利于精子形成和保持性欲。

精料可以燕麦、大麦、麸皮、小米为主，配合豆饼或豆类，要尽量多样化。大约每20天调整1次日粮中精料的组成部分，以增进食欲。日粮中加5～10个鸡蛋或部分牛奶、肉骨粉等动物性饲料，更能提高精液品质。

管理上要使种公马进行适当而有规律的运动，千万不可忽轻忽重，更不要让其做跑步运动。均衡的运动是提高种公马性欲和改进精液品质的重要措施。生产实践表明，日粮、运动和采精（或配种）三者要密切配合。如配种初期，运动量要稍大些；配种旺季，应改进日粮的品质，运动量要稍减轻。一般乘用马每日运动1.5～2小时，行进15千米左右；挽马可拉车或拉爬犁运动，每日运动2～3小时，用占体重10%的挽力拉爬犁，行进10千米左右，上、下午各1次。运动时要快、慢步相结合，先慢，中间快慢结合，最后以慢步结束。以马耳根、肩膀头和着鞍挽具部位出汗为度。每次运动结束前约20分钟，慢步回圈或拴系。出汗未干时，不揭鞍，汗消后卸鞍，搓揉公马四肢腱部。如有特殊情况不能运动时，必须减少精料喂量1/3以上，加强刷拭。天热时要在早晚运动。老龄种公马要减轻运动量，可进行放牧或逍遥运动；过于肥胖的种公马要适当减少精料，控制干草喂量，逐渐增加运动量，使其达到中等膘情。

种公马应养在宽敞、光照适宜、通风良好的单圈内，不拴系，让其自由活动和休息。早晚要尽量在圈外拴系。做好圈内外清洁卫生和防疫消毒工作。严禁外人接触种公马。

对种公马的粗暴管理会抑制性反射，造成精液品质下降。必须严格遵守饲养管理制度、采精制度和作息时间。

（3）体力恢复期（8—9月）。体力恢复期也叫静养期。这段时间主要是使种公马恢复到配种前的体力和营养水平。一般需要4～8周马的体力才能恢复过来。

饲养上要减少精料喂量（可减到原量的1/3～1/2），给予燕麦、麸皮等易消化的饲料，增加青玉米、青草等青绿饲料。青草中加1/2青秣食豆、青苜蓿最好。也可以每日放牧2小时。

管理上不要因配种结束而放松，要注意保持舍内通风、干燥和清洁，注意防暑，减轻运动量和强度，增加逍遥运动时间。乘马每日运动1～1.5小时，挽用马每日2～2.5小时。

要全面进行种公马的健康检查，对个别瘦弱的应细心饲养，尽快增膘复壮。

（4）锻炼期（10—12月）。种公马体力恢复后，正处于秋高气爽的季节，应采取一切措施，使其肌肉坚实，体力充沛，精力旺盛，为来年的配种打下良好基础。

增加精料饲喂量，比恢复期每日多1～1.5千克精料，多用玉米、高粱、麸皮等含能量高的饲料。

使役时可增加作业量，达到中等劳役程度，逐渐增加运动时间和强度。乘用马每日1.5～2小时，距离为20千米左右挽用马每日运动2～3.5小时，行进13～14千米；重型公马可每日运输作业6小时以内，隔2～3日休息1天。营养和配种利用三者密切配合。加强营养而运动不足，会使种公驴过肥，性欲减退；运动过度，体力消耗过大，也会使配种能力下降，体力减弱。因此，种公驴的运动量要掌握好，每日可骑乘运动1.5～2小时或干轻活2～3小时，但配种或采精前后1小时应避免剧烈运动。

每日结合刷拭，用温水清洗和按摩睾丸15分钟左右，有助于精子形成和提高活力。每日饲喂结束后，应尽量使种公驴自由活动或在户外拴系，接受日光浴。夏季要防止日晒中暑。

配种期种公马的饲养在配种季节开始前2～3周，饲喂公马的精料就应增加，此时可能导致种公马的体重略有增加。在配种季节，公马每日所需饲草和精料的比例为（50∶50）～（70∶30）。马每日采食的总量是有限的，如果饲喂的精料和青干草的比例相等，即各占50%时精料一般按1千克精料/100千克体重的比例来饲喂，余下的喂青干草或放牧。精料喂量的多少也是变化的，主要取决于以下因素：青干草的质量、公马的体况、每周配种的次数等。如青干草的质量很好，叶子较多，豆科和禾本科各占一半，粗蛋白质含量大于10%时，可少喂一些精料；如公马有些发胖，体重增加，就应减少精料的喂量，如公马变瘦，就应增加精料的喂量；每周配种次数较少，精料的量也就相应减少。体重500～550千克的轻型种公马配种期每日采食青干草（禾本科杂草）9.9千克，精料7千克（包括燕麦3千克，大麦1.5千克，小麦麸1千克，向日葵饼1千克，矿物质0.5千克），鲜胡萝卜3千克，鸡蛋4～5枚，食盐33克。另外阿哈种公马配种期间每日喂大麦或燕麦7千克，小麦麸2千克，苜蓿干草6千克，胡萝卜2千克，在非配种期，阿哈种公马的日粮为大麦或燕麦5千克，小麦麸1千克，苜蓿干草8千克，胡萝卜1千克，合计15千克。纯血马种公马，每日喂5千克左右精料和9～10千克青干草。

2.非配种期种公马的饲养

我国北方一般从7月中旬到翌年2月中旬属于种公马的非配种季节，此时种公马的饲料应以优质的牧草作为最主要的部分，如色泽鲜绿的羊草和紫花苜蓿干草是我国养马者最喜欢用于喂马的两种青干草。因为在我国城市郊区饲养的马匹多数没有放牧条件，一般都是舍饲的饲养方式，那么叶多色绿、具有香味的优质干草就显得非常重要了；在此期间，精料需要量不多，主要是对放牧或饲喂青干草的补充，同时对保证种公马良好的体况和健康起着重要作用。此外还应补给适量的矿物质，以舔砖的形式较好。参考精料配方为，燕麦30%，玉米10%，大麦13%，小麦麸10%，大豆粉11%，亚麻粉4%，苜蓿草粉10%，糖蜜7%，磷酸氢钙2%，石灰石粉0.5%，微量元素添加剂1%，维生素添加剂1.5%。根据当地饲料原料营养成分的不同，将上述精料配方进行适当调节，使其含粗蛋白质大致为16%，钙1%，磷0.9%。在我国，由于没有专门配制的马用微量元素添加剂和维生素添加剂，因此在饲养公马时一般每日喂给一些新鲜的胡萝卜和青绿饲料，用来补充矿物质和维生素的不足。

（六）乘用马的饲养管理

对一般乘用马的饲养，要随其年龄、体重、运动量和季节的不同而有所变化。成年马的采食量约占其体重的2.5%，幼年和泌乳母马约为其体重的3%。每日骑乘1～3小时的，每100千克体重可给优质禾本科青干草1.25～1.5千克、谷物0.2～0.5千克；每日骑乘6小时以上时，可分别给干草1～1.5千克、谷物1.25～1.5千克。谷物最好是燕麦，或者是燕麦70%、玉米30%的混合料。也可以喂燕麦加大麦。要注意马的体况，不可过肥或过瘦，要保持结实的体质。

乘用马的日常管理中，要做好刷拭和遛马。刷拭每日定时2～3次，操作要规范。刷试时先用草刷除去粘在身体上的垫草或污物，然后人站在离马体适当位置，面向马的后躯，从耳后开始向后刷，刷子要稍微倾斜，顺毛推动，推到头，把手腕反转将刷子下边收集在一起的尘土或污物刮下，刷时动作要快速有力，不要用刷子冲撞马体。这是粗略地刷拭，然后用鬃刷先左后右，由前到后，从上到下，依次刷拭马体。刷拭时先逆毛刷出，再顺毛拉回，重去轻回，每刷3～4次，要用铁刨刮二三下，以去掉刷子上的污毛和尘土，对马胸下、腋间、颌凹处要仔细刷到，对马腰部要轻刷，对尻部、股部应自下而上，由后向前刷，而对腰角处、颜面部要顺毛刷，用力要轻。

待将马全身刷完后，再用梳子梳理其长毛，用干净湿布擦净马的耳、口、鼻及肛门等处，最后再用另一干净湿布先逆后顺地将马全身擦一遍，并用毛刷顺毛刷一次。一般竞赛用马每天在上、下午运动后刷拭2次，参赛后必须刷拭。

每次刷拭后应用蹄钩除去蹄底脏物或石子，用水清洗马蹄，如需修削时，最好请装蹄师进行削蹄或装蹄。严格遵守骑乘规则，如鞍、勒的装卸，骑乘的姿势，各种辅助和控制方法，骑乘开始和结束时的遛马等。要随时检查马是否有鞍伤、肚带伤，四肢有无外伤和骨瘤，发现后及时治疗。

乘用马饮水要充足，每日饮4次，剧烈运动后半小时后再饮水，防止暴饮。要注意补喂食盐和骨粉。

（七）竞赛马的饲养管理

除休闲期外，竞赛用马一直处于训练或竞赛状态，需要付出极大的体力，消耗很多能量。因此，对饲养管理条件要求十分严格。如果饲养管理不善，难以取得优异成绩，甚至发生疾病。

饲养上要注意供给营养全面的日粮，可以用燕麦、大麦、麸皮、豆饼、鱼粉、骨粉等配制精料，也可以喂给专售的配合饲料。核心是要保证能量、矿物质和维生素等的需要量。每100千克体重可饲喂精料1.5～2千克，草最好是燕麦青干草、大麦青干草，每100千克体重可喂1千克。每周可喂1次麸皮粥，以保持大便通畅。

运动用马的骨骼密度要比休闲马高。马匹每日运动约16.1千米（10英里）时，骨骼中钙的沉积量要比休闲时提高15%～20%。说明运动用马需要强壮的骨骼，而强壮的骨骼是以食入足量的钙、磷为前提的。因此，马术和竞赛用马更应该注重钙、磷的需要。

运动用马要严格强调遵守饲养制度和饲喂方法、饲喂时间、饲喂顺序，要严格固定，不能随意改动。

注意饲喂方法，赛前3～4小时喂完。赛前一顿的饲喂量不宜过大，如上午竞赛，则清晨喂日粮的25%，中午喂40%，晚上喂35%；下午竞赛的日粮分配为晨40%，午、晚各30%；休息日应减料1/3～1/2，避免体重增加，蓄积脂肪。

管理工作要耐心、细致。单厩饲养，马房内要有充足的活动余地，要保持清洁、干燥、平坦。要严格遵守作息时间和工作程序。要做好刷拭和护蹄工作，蹄部可涂油保护，防止干裂。注意经常检查四肢有无疾患，赛前、赛后要护理好马的四肢。应在调教师的指导下，由专门骑手进行调教，特别要注意入闸的训练。要严格按照竞赛科目的要求调教。赛马在休闲期，最好进行放牧饲养，既可采食各种牧草，补充均衡的营养，又可锻炼体质。

（八）群牧饲养

所谓群牧饲养，即在一年四季中完全以放牧的方式对马群进行饲养管理和繁育。由于马群终年或绝大部分时间生活在广阔的草原上，能得到充分的运动和丰富的营养，并受到风、雨、寒、热等自然条件的锻炼，因一而形成了群牧马匹的许多特点。这些马匹体质结实，体格强健，具有高度的适应性和抗病力，对饲养管理条件要求不高，工作能力强，吃苦耐劳，富有持久力。同时由于群牧马主要是利用天然草原，不需要太多的设备和人工，可以大大地降低成本。因此，群牧养马是一种经济适用的养马方法。目前我国一部分马场采用这种方法。

1.放牧群的组成

为了方便照顾马匹，合理进行放牧，应将马匹分组编群。编群方法可按性别、年龄及鉴定等级进行。如母马群、幼驹群和公马群。这些不同的马群；各自构成放牧单位，由班长及放牧员等5～7个人管理。母马群可根据种用价值高低和繁殖情况组成不同的马群，价值高的母马群，每群为100～200匹，而价值低的为150匹。哺乳母马群匹数应略少，空怀母马群为150～200匹。

幼驹断奶后，按性别组成公驹群和母驹群。种用驹群为100～200匹；非种用驹群为150～200匹；骒驹群冬季100～130匹，夏季80～100匹。

匹数多的群牧马场，常将同年生幼驹共同编群。如群数较多，还应按体格大小、强弱来划分。如果同年龄的马匹数不多，也可将1～2岁驹，甚至2～3岁驹编成混合群。

种公马群的匹数，决定于种用价值，一般20～50匹为一群。大型马场在配种结束后，先按5～8匹种公马为一组，放在一个围栏中，种公马初到一起常互相殴斗，应加强管理，经2～3日即能互相熟悉，5～7日后可一起放牧。另外也可用强制的方法合群，即在初期使种公马剧烈运动，待其疲劳后放在一起，投给干草。这时公马因饥饿而忙于采食，较少发生殴斗。经过一段时间，待其互相熟悉，成为习惯后，再逐次将几个组并成一群。对个别难合群的暴烈种公马，应分别管理。

种公马群从配种结束开始，一直放牧至配种准备期为止。在放牧期内，可补充部分精饲料，以保持良好的膘情。公马群应加强抗寒锻炼，秋季和冬季天气好时，昼夜都可在外采食休息，只有最严寒的季节或遇有恶劣的气候时，才放入敞圈或棚舍饲养。但为方便管理，一般夜间赶回敞圈和棚舍内为妥，同时也便于补饲。

为防止马群滥交乱配，实行计划选配，以提高母马的受胎率，有必要采取固定公马、小群交配的方法，即在开始配种前组成配种群，一面放牧，一面配种。配种群的组成，应考虑马的品种、类型、鉴定的等级、血缘关系和其他特点等，应根据选配原则组群。

配种群的母马数，应根据种公马的年龄和配种能力来决定。3岁种公马的公、母比例为（1：5）~7，4~5岁公马为（1：8）~10，6~12岁公马为（1：11）~15，13~16岁公马为（1：8）~12公马撤群时间应在10—11月，不宜过迟。马群组成后，应保持稳定，不轻易变动。但为了便于配种保胎，在配种期母马可临时组成待产群、空怀群和妊娠群，定期互相转换。母马分娩后7~10天放入配种群内配种，待配种结束后多再回原群。当制订配种计划和组成配种群时，必须选留后备种马，可按现有种公马数（50~100）：1的比例选留。

组织配种群时，应在分群栏内进行，逐匹检查和评定母马的外貌和类型。同时进行健康检查，有子宫疾病而未经治疗的不应编入配种群。根据检查与鉴定的资料，确定母马编入某类配种群内，并将其名号、年龄、毛色、特征等登记在选配记录簿上。

2.不同季节的放牧

春季放牧及管理马群的春季放牧地要安排在冬季雪盖不深，早春融化快，青草最早出现的地方。如在平坦草原，多在地势稍高处；如在山区，多在山的低坡和阳坡。马群进入春季牧地后可逐渐增加放牧时间，减少在棚圈停留的时间和补饲量。开始先在夜间补饲，以后随着青草的生长和青草采食量的增加，夜间也不补饲；春季牧地马匹能采到足量的青嫩牧草，借此抓好春膘，以保夏膘。

春季马群的管理，按时间来说，为春分以后3个月。这时马群经过漫长的冬季，由于气候寒冷和水草不足，一到早春正是营养最差的时期，特别是老马、幼驹和妊娠马，如无较好的补饲条件，极易消瘦，容易发生流产。北方牧区早春时期，不仅气候尚冷，而且昼夜温差变化很大。如内蒙古地区有时风雪交加，群众称为白毛旋风，此时是瘦弱马匹生死存亡的重要关头。特别在早春的雪天，沾在马体表的雪花随化随冻，如不细心看管，容易造成马驹大批死亡。因此，春季的。放牧管理必须注意气候的变化，加强预防工作。如遇暴风雪，应在棚舍或避风场所内进行补饲，停止放牧。

春季正是妊娠母马分娩、幼驹复壮、空怀母马亦将陆续开始配种的季节，同时又是被毛脱换时期，从马的生理和生产任务上来说？都要求迅速恢复马群的体况。因此，在青草尚未生长好时，应加强补饲（一般本地马每日补饲混合精料0.75～1.5千克，杂种马1～2.5千克），以提高膘度。

早春放牧地，不论山区或平原，都是枯草多，青草刚刚萌芽，远望一片青绿，但牲畜还无法采食到口，如不加以控制，容易“跑青”，既消耗牲畜体力，又损坏草原。因此，当阳坡草刚转青时，暂时转移到阴坡放牧，因为阴坡阳光不足，气温较低，草萌芽慢，当阴坡草萌发时，阳坡青草已长高，即可转牧于阳坡。另外，还可选地势较低的草滩放牧，因这些地方大部分生长水草，水草生长较早，需要趁嫩利用，所以，既可尽早吃到青草，也避免草质逐渐粗硬而失去利用价值，所谓“春放滩”就是指此而言。如果是刚化冻，草地潮湿，则不应急于利用，以免破坏草原。

我国北方牧区，一般约在5月中旬开始吃到饱青。小满后气候转暖，大致可以完全放饱，且蚊蝇尚未大量出现，正是放牧的黄金时间。除配种公马外，其他群牧马完全可以不补饲，但必须利用这个大好时机，延长放牧时间，要求在1个月内抓满膘。体况恢复越快，脱毛时期越早。按劳动人民的说法：春膘是底膘（也称水膘），春膘肉，秋膘油，没有春膘就难保住夏膘。我国北方牧区春季比较干燥，风大，马匹容易干渴，每日需饮水2～3次（妊娠马忌饮冰碴水，以防流产）。如在盐碱牧地，可常使马群自由舔食，借以补充盐分，或隔数日喂盐1次。

夏季放牧及管理夏季放牧地的安排，在较干旱的草原，应选低洼或河边的滩地。因夏季炎热，在低洼地或滩地的青草长得较好。山区的马群，夏季放牧多选在高山草原，因该地气候凉爽并有较好的青草。当马群继续留在春季牧地而有掉膘的可能时，应立即转到夏季牧地。在高山草原放牧，可得到充足的营养物质，且天气不热，蚊虻少，马的营养一般良好。夏季在撂荒草原上放牧，也可吃到较好的牧草。

夏季放牧一般因天气热，蚊虻多，马的膘度往往下降。马群放牧时间最好安排在早晨、傍晚和夜间。白天特别是中午，应让马群在地势较高。有风的地方休息。

夏季群牧马的管理上，由于气候渐热，又有蚊虻骚扰，放牧条件远不如晚春。干燥的牧区，野草逐渐枯萎、养分减少，致使马群营养下降。如遇这种情况，应补饲或转移牧场，以保马群吃好吃饱。夏季放牧必须掌握当地昆虫活动规律，尽量避免其骚扰。地势较高的牧地，由于风力较大，昆虫较少，正符合“夏放坡”的群众经验。一般在10—16时期间，蚊虻为害最甚，马群不能安静采食，同时以蹄踢被昆虫蜇刺的部位易使蹄冠等发生外伤，又易中暑。因此，在这个时间内可将马群赶到棚舍或树荫下休息。如无这种条件，也可赶到地势高的地方，并将大群适当分成小群。夏季白天应该顶风放牧，夜间凉爽则可顺风放牧。夜牧时要注意不使惊群，特别是在打雷雨中更应注意（惊群也是发生流产的主要原因）。北方牧区时有雹灾，应注意天气预报，加强预防。

夏季炎热，马易干渴，每昼夜需饮水3～4次。赶向水源地时，应边赶边牧，慢慢前进，到一定距离时控制住马群，分成小群饮水，以便充分喝足。如两群以上使用同一水源，则应错开时间，以免互相混群（公驹群与母驹群更应注意），夏季放牧仍需补盐。

秋季放牧及管理马群的秋季放牧场比较容易选择，因为秋季气候渐凉，草生长旺盛，蚊虻日渐减少，有利于放牧。所以，凡是不做冬季牧地或刈割草场的地方，都可做秋季牧地。

秋季天气凉爽，蚊虻由少至绝迹，这时必须注意抓好秋膘，为安全过冬打下良好基础。秋季牧草茎叶虽已粗硬，但大部分已结籽，同时还有鲜嫩的再生草，因而马群比较恋膘，一般要求在初秋即达到圆膘。土种马因有蓄积脂肪的特性，所以有“秋高马肥”的说法。这正是在生理上为安全过冬创造有利条件。随着气候的转冷，马体生长出浓密的冬毛。

从初秋到深秋，气候变化很大，放牧的时间应逐步调整为，适当控制夜牧，尽量利用温暖的时间放牧。放牧地可逐渐转移到阳坡和平滩。霜降后则应较晚出牧，以免采食霜草发生流产和疝痛。如昼夜放牧，天亮以前（东北地区约在凌晨3时以后）不让群马站盘（即站立不动过久），应及时赶动马群使其多吃未带霜的枯草，这样待天明时再食霜草，也可避免流产。畜体具有良好的膘情，是防止流产最基本的内因。营养不良的弱马和幼驹，应在深秋提前补饲，以免冬季因气候严寒、营养不足而造成死亡。上冻以后，如用井水饮马则应现打现饮。每日饮水2次即可，但每次必须饮足。

秋季应进行马群检查。除检查膘情外，妊娠及健康状态均应登记。将营养较差的马骡单独分开，以便加强补饲。另外，还应趁检查之便，进行削蹄及理毛等。群牧马的调拨和出售一般多在秋高马肥时进行，这时也是幼驹断奶的时候。

冬季放牧及管理冬季牧地应选择有较好的牧草和水源并能躲避暴风雪的地方。冬季要注意保膘，因而除搞好放牧外，还要做好过冬的一切准备。在牧地利用上，应给各马群分配适当的牧地。确定放牧地利用的次序拼备足补饲用的草料。牧地的利用次序为初冬先利用低洼牧地，免得以后积雪很深而无法放牧。低地用完之后，可将马群赶至最远的地方放牧。等到严冬和暴风雪最频繁的时候（我国北方多在冬末春初）再将马群赶回到有避风设备的定居点附近放牧，这样不仅能较好地利用牧地，而且人、畜也比较安全。

冬季因有雪可食，可代替饮水。如白天放牧、夜间补饲，则早晨出牧前饮水；如为昼夜补饲，则24小时内应饮2次。饮前投与少许干草。如用井水饮马，应现打现饮。槽中冰块应及时清除，不要让妊娠马饮带冰碴的水。

马驹在第一个冬季最好在有棚圈和饲槽的据点内饲养和管理。每日补给干草和精料，一般干草为6～8千克，混合精料1～1.5千克。并给予必要的护理和培育，这样可以保证马驹身强体壮，安全过冬。

牧区马群的冬圈，特别是有防风设备的露天场所，马的粪便不必清扫，因积存的粪便经马蹄踏实后形成平坦坚硬而又温暖的地面，马匹在此休息不但蹄部不易受冻，且能保暖。

冬季放牧马群要散开，让马刨一处，吃一片。让马吃饱而不可驱赶，否则驱赶过勤，马匹体力消耗大而吃不饱。在冬季马匹喜欢站盘，不爱活动，尤其是夜间。因此，应注意不要使马站立过久，特别是在天亮前要勤轰赶，使马吃草，肚子不空，马体不冷。冬季马爱顺风跑，因此，要顶风挡群，同时还要训练顶风放牧，这样可以减少体热的散失，防止后躯冻伤，还可使马群放得拢、吃得饱。

秋末马群膘度不良的，初冬即需补饲，以防消瘦。但对膘情好的补饲不宜过早，以便锻炼啃食牧草及掘雪寻食的本能。马群的补饲量，决定于马体的营养状况、牧草的质量和气候条件等。

放牧补饲方法，一般采取集中补饲、随群补饲或两者结合的方法。凡膘情太差、病弱、临产母马或公马多采用集中补饲，以利于迅速恢复膘情。随群补饲则跟群出牧，将膘情差的马放入小圈集中补草补料。补饲要适时，即在膘情开始下降前进行为好，如膘情已下降，补饲效果较差。我国东北各马场，大都从11月开始补饲至翌年5月中旬停止。补饲也应定时定量，方法与舍饲完全一样。

补饲干草，在天气良好时，可在草原上进行。将干草每8～10千克堆成小堆，可容2～3匹马一齐采食。堆间距离4～5米。小堆排列成行，让马自由采食。为保持卫生，喂干草地点可时常更换。在人工避风处补饲时，按马匹的数量应备有足够的饲槽，槽长×宽为4米×1米，深50厘米，槽上缘距地面1米。每槽可喂10～12匹，槽腿似雪橇，以便在雪地上拖动。东北各马场草料补饲均在马棚附近或敞圈内进行，料草分开给予。补草一般在敞圈内草栏中，让其自由采食。料则在马棚附近设固定饲槽，专供投精料用，早、晚各1次。群牧马冬季每日补饲量如表5-7所示。

表5-7 群牧马冬季每日补饲量

类别	精料（千克）	干草（千克）	盐（克）	骨粉（克）
本地母马	0.75 ~ 1.5	5 ~ 10	20 ~ 30	15 ~ 20
杂种母马	01.0 ~ 2.5	7.5 ~ 15	20 ~ 30	15 ~ 20
役马	1.5 ~ 3.0	10 ~ 20	30 ~ 40	15 ~ 20

（九）疾病的预防

疾病是畜牧业的大敌。我们不仅要懂得牲畜的生理特点，掌握饲养管理、繁殖和使役的科学方法和技术，而且还要了解预防疾病的常识，做到预防为主，使牲畜少得病或不得病，长得膘肥体壮，从而发挥更强的生产性能。

1.马健康状况的判断

牲畜是否得病，最可靠的是由兽医进行诊断。但是，我们应随时注意观察，根据牲畜外部表现及早发现疾病，及早治疗。

健康的马精神活泼，两耳竖直，活动自如，眼亮有神，呼吸平稳。食欲旺盛，能吃能喝，咀嚼有力而常带清脆响声。被毛整齐、有光泽，皮肤有弹性，皮温正常，特别是鼻子和耳朵不过热、不发凉。眼结膜淡红色，口、舌颜色红润。可以随意调整站立或躺卧的姿势，站立时头尾不动，轮流歇息后蹄。走路轻快、平稳。粪便为肾形或不规则的球形，落地后部分完整，部分被摔开，颜色为黄褐色或黄绿色，尿为淡黄色。

患病的马精神不振，头低耳耷，两眼昏迷好闭，喘气粗快，对外界刺激不敏感，木然呆立，或兴奋不安，狂奔乱走。食欲减退或完全不吃，喝水减少或不喝，退槽后站立，或远离畜群，有的吃草不嚼或嚼而不咽，甚至吐草末，有的吃粪喝尿。被毛粗乱，没有光泽，换毛晚，毛易脱落，皮屑多。皮肤缺乏弹性，皮温不正，耳、鼻发凉或过热，干点活儿就出虚汗。鼻、口腔黏膜苍白或眼结膜发黄、发绀，鼻液多，四肢无力，走路不稳，有的弓腰，有的总回头看腹，有的卧地打滚，有的四肢伸开、强直，有的四肢拘缩腹下。因为疾病不同而表现出异常的姿势。病畜的粪便呈硬球状，也有的腹泻似水，颜色为土黄色或煤焦油色，非常腥臭。尿液为酱油色或透明无色。

2.传染病的预防

马的疾病很多，其中威胁最大的是传染病。马得了病如处置不当，致病菌或病毒就会随着被病畜污染的饲料、饮水、空气、土壤以及人、畜等传播和蔓延，造成很大的危害和经济损失，因此，我们要做好预防工作。

（1）注意环境卫生。改善饲养管理和环境条件，增强马、骡对疾病的抵抗力，是减少传染病发生和传播的积极方法。因此，圈要常起常垫，天天打扫干净，保持清洁和干燥，并定期用生石灰水或来苏儿水消毒。沤粪坑要远离厩舍，尤其是离水源要远。

饲料要清洁卫生，品质优良，品种多样，满足马、骡的营养需要。喂饮要定时，防止饥饱不均。管理上要适当运动，使役合理，有劳有逸，保证牲畜健康，提高抗病力。

（2）定期进行预防注射。及时而有重点地进行预防注射，对扑灭和防止传染病的流行有重要意义。如给马注射炭疽疫苗，就可以1年内不得炭疽病。因此，广大农民一定要相信科学，及时去兽医站注射疫苗。

（3）做好检疫工作。检疫是阻止传染源散布的有效措施。要定期去兽医站用科学方法检查有没有传染病。不要去发生传染病的地区，更不能从这些地区买牲畜或草料。从外地买回的牲畜，要隔离饲养管理，不要与原来的牲畜混群，观察一段时间，最好去兽医站进行检查，确认完全健康后方可入群。

（4）严格隔离和消毒。马、骡一旦患病，就要把病畜与健康的牲畜分开，隔离饲养，避免传染。对病畜的圈舍和用具进行彻底消毒。患传染病死亡的牲畜，不能出卖，不能吃肉，要在离村子、道路、河边、放牧地较远的地方，挖2米以上的深坑，将死畜上下撒上生石灰后用土埋起来，并将运送死畜的车辆彻底消毒。

参考文献

包军. 2008. 家畜行为学[M]. 北京：高等教育出版社.
陈士瑜. 1997. 食用菌生产大全[M]. 北京：中国农业出版社.
付友山. 2015. 养猪实用技术[M]. 北京：中国农业出版社.
高世明，郭凤英，张雪平. 2008. 林下高效养殖种植生态模式实例[M]. 北京：中国农业出版社.
谷子林，高振华. 2002. 肉兔多繁快育新技术[M]. 石家庄：河北科学技术出版社.
谷子林，薛家宾. 2007. 现代养兔使用百科全书[M]. 北京：中国农业出版社.
何庆华. 2015. 家庭养猪一本通[M]. 广州：广东科学技术出版社.
胡丽芳，丁涛. 2011. 生态养殖百问百答[M]. 杭州：浙江工商大学出版社.
黄炎坤. 2002. 新编科学养鸡手册[M]. 郑州：中原农民出版社.
蒋金书. 1991. 兔病学[M]. 北京：北京农业大学出版社.
蒋树威. 1995. 生态畜牧业的理论与实践[M]. 北京：中国农业出版社.
金千瑜，禹盛苗. 2007. 稻鸭共育生态种养技术[M]. 杭州：浙江科学技术出版社.
李福昌. 2009. 兔生产学[M]. 北京：中国农业出版社.
李如治. 2003. 家畜环境卫生学[M]. 北京：中国农业出版社.
李观题，李娟. 2015. 现代养猪技术与模式[M]. 北京：中国农业科学技术出版社.
李慧芳. 2010. 养鸭致富综合配套新技术[M]. 北京：中国农业出版社.
李连任. 2016. 蛋鸡生态养殖关键技术[M]. 郑州：河南科学技术出版社.
李世安. 1985. 应用动物行为学[M]. 哈尔滨：黑龙江人民出版社.
刘继军，贾永全. 2008. 畜牧场规划设计[M]. 北京：中国农业出版社.
刘建钗，张鹤平. 2014. 生态高效养鸭实用技术[M]. 北京：化学工业出版社.
刘继军，贾继全. 2008. 畜牧场规划设计[M]. 北京：中国农业出版社.
刘月琴，张英杰. 2007. 家禽饲料手册[M]. 北京：中国农业大学出版社.
刘月琴，张英杰. 2008. 家禽饲料手册[M]. 第2版. 北京：中国农业大学出版社.
刘国芬. 2002. 蛋鸡饲养技术[M]. 北京：金盾出版社.

刘益平. 2012. 果园林地生态养鸡技术[M]. 北京：中国金盾出版社.
刘益平. 2017. 果园林地生态养鸡与鸡病防治[M]. 北京：机械工业出版社.
刘敏雄. 1984. 家畜行为学[M]. 北京：中国农业出版社.
梅书棋. 2016. 地方猪的利用与高效养殖技术[M]. 北京：金盾出版社.
孟冬霞. 2014. 无公害鸡蛋安全生产技术[M]. 北京：化学工业出版社.
任克良，秦应和. 2010. 轻轻松松学养兔[M]. 北京：中国农业出版社.
田家良. 2017. 马驴骡饲养管理[M]. 北京：中国农业科学技术出版社.
唐景西. 1987. 长毛兔主要行为观测[J]. 中国养兔杂志（5）：12.
王开荣. 2017. 规模化养猪技术[M]. 北京：中国农业科学技术出版社.
王清义，汪植三，王占彬. 2008. 中国现代畜牧业生态学[M]. 北京：中国农业出版社.
徐汉涛. 2005. 高效益养兔法[M]. 北京：中国农业出版社.
杨正. 2001. 现代家兔[M]. 北京：中国农业出版社.
颜培实，李如治. 2011. 家畜环境卫生学[M]. 北京：高等教育出版社.
赵永国. 2005. 蛋鸡标准化饲养新技术[M]. 北京：中国农业出版社.
朱杰. 2015. 养猪与猪病防治[M]. 昆明：云南科学技术出版社.
张鹤平. 2015. 兔的行为与精细饲养管理技术指南[M]. 北京：化学工业出版社.
张海彬. 2007. 绿色养鹅新技术[M]. 北京：金盾出版社.
张鹤平. 2012. 林地生态养鸭实用技术[M]. 北京：化学工业出版社.
张彦明. 2003. 兽医公共卫生学[M]. 北京：中国农业出版社.